中等职业教育规划教材

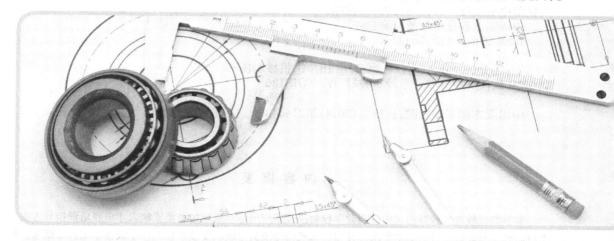

机械制图与CAD

U0240240

江献华 陈颂阳 主编

陈崇军 段超 蒋相富 王新林 吴志华 杨孚春 参编

人民邮电出版社

北京

图书在版编目（CIP）数据

机械制图与CAD / 江献华，陈颂阳主编. -- 北京：
人民邮电出版社，2015.9（2023.8重印）
中等职业教育规划教材
ISBN 978-7-115-36432-6

Ⅰ．①机… Ⅱ．①江… ②陈… Ⅲ．①机械制图—
AutoCAD软件—中等专业学校—教材 Ⅳ．①TH126

中国版本图书馆CIP数据核字（2014）第214549号

内 容 提 要

　　本书参照教育部颁发的《中等职业学校数控技术应用专业领域技能型紧缺人才培养培训指导方案》中核心教学与训练项目的基本要求，并与国家机械绘图员中级职业技术标准和中级技术工人等级考核标准相结合进行编写。

　　本书以"绘制直齿圆柱齿轮减速器工程图"作为教学项目，将"机械制图"与"机械CAD"的课程内容整合于绘制直齿圆柱齿轮减速器各部件的零件图和装配图的过程中。

　　本书共包含 15 个任务。项目任务中将《机械制图》课程中有关图样表达方法、制图标准等全部学科知识打散，融入到具体的项目学习任务中。每一个具体的学习任务的实施，均以 CAD 软件为操作平台，融合机械制图的概念和原理等知识。学生边学习机械 CAD 软件的操作方法，边学习机械制图相关知识，实现"做中学，学中做"。项目任务的编排由简到繁，由浅入深，循序渐进。

　　本书可作为中等职业技术学校"机械制图"与"机械CAD"课程的教材，也可作为机械制图和CAD初学者的参考用书。

　　◆　主　　编　江献华　陈颂阳
　　　　责任编辑　吴宏伟
　　　　责任印制　张佳莹　焦志炜

　　◆　人民邮电出版社出版发行　　北京市丰台区成寿寺路 11 号
　　　　邮编　100164　电子邮件　315@ptpress.com.cn
　　　　网址　https://www.ptpress.com.cn
　　　　北京盛通印刷股份有限公司印刷

　　◆　开本：787×1092　1/16
　　　　印张：18.5　　　　　　　　　2015 年 9 月第 1 版
　　　　字数：433 千字　　　　　　　2023 年 8 月北京第 5 次印刷

定价：42.00 元
读者服务热线：(010)81055256　印装质量热线：(010)81055316
反盗版热线：(010)81055315

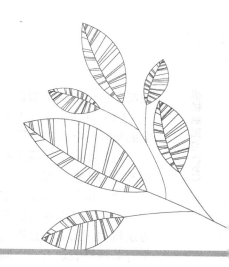

前言

Preface

　　2012年6月，国家教育部、人力资源社会保障部、财政部批复广州市番禺区职业技术学校为国家中等职业教育改革发展示范学校建设计划第二批项目学校。立项以来，学校以"促进内涵提升，关注师生发展"作为指导思想，以点带面稳步推进各项建设工作，构建了"分类定制、校企融通"人才培养模式和模块化项目式课程体系，打造了一支结构合理、教艺精湛的高素质师资队伍，建立起"立体多元"的校企合作运行机制。

　　在教材建设方面，广州市番禺区职业技术学校以培养学生综合职业能力为目标，力求教材编写过程中与行业企业深度合作，将典型工作任务转化为学习任务，实现教材内容与岗位能力、职业技能的对接；力求教材编排以工作任务为主线，以模块+项目+任务（或活动）为主要形式，实现教材的项目化、活动化、情景化；力求教材表现形式尽可能多元化，综合图片、文字、图表等元素，配套动画、音视频、课件、教学设计等资源，增强教材的可读性、趣味性和实用性。

　　通过努力，近年广州市番禺区职业技术学校教师编写了一大批校本教材。这些教材，体现了老师们对职业教育的热爱和追求，凝结了对专业教学的探索和心得，呈现了一种上进和奉献的风貌。经过学校国家中等职业教育改革发展示范学校建设成果编审委员会的审核，现将其中的一部分教材推荐给出版社公开出版。

　　数控技术应用专业是我校国家中职示范校重点建设专业之一。本书是中等职业学校数控技术应用专业配套教材。在机械类专业课程体系中，《机械制图》和《机械CAD》是两门必修的专业基础课。一直以来，在机械制图课程的教学中，很难找到一条"工学结合"教学途径。编者在多年的机械制图教学中，以现代职业教育理论为指导，根据中职学生的特性，结合自己的从教经验，将《机械制图》和《机械CAD》两门课程整合，开发出一门以绘制一个完整的直齿圆柱齿轮减速器各部件零件图和装配图为教学任务，适合行为导向教学、以工作任务为参照、以项目为逻辑主线的工作体系的《机械制图与CAD》项目课程，并配套编写了《机械制图与CAD》教材，从而实现课程内容与行为导向教学法的紧密结合，实现了机械制图课程教学的工学结合，提高课程的教学实效性。

　　本教材开发思路是遴选一个典型的、与企业岗位任务对接的、难度适中的直齿圆柱齿轮减速器，以"绘制直齿圆柱齿轮减速器工程图"作为教学项目，将《机械制图》与《机械CAD》的课程内容整合于绘制直齿圆柱齿轮减速器各部件的零件图和装配图中。

　　选择直齿圆柱齿轮减速器作为教学载体的理由如下：

　　（1）减速器的零件有代表性，包括轴类，盘盖类、箱体类等典型零件类型，可涵盖机

械制图的全部基本知识;

（2）将减速器各零部件分类，由简到繁，以绘制各零部件零件图为学习任务，符合教学的原理与学习的规律;

（3）绘制减速器工程图的教学内容既对接职业岗位能力，又紧密结合 CAD 绘图员中级考证的职业标准;

（4）以具体的绘制零件图和装配图为任务展开学习，便于实施行为导向教学模式。

项目任务的编排由简到繁，由浅入深，循序渐进，构建起以工作任务为参照，以项目为逻辑主线的工作过程式的项目课程。课程共包含 15 个任务。本书将《机械制图》课程中有关图样表达方法、制图标准等全部学科知识打散，融入到具体的项目学习任务中。每一个具体的学习任务的实施，均以 CAD 软件的操作为平台，融合机械制图的概念和原理等知识，使学生可以边学习机械 CAD 软件的运用，边学习机械制图相关知识，实现"做中学，学中做"。任务的编排由简到繁，由浅入深，循序渐进。

本教材是对学科体系教材的一次变革，课程内容"挣脱"了学科体系的"束缚"（不再是点线面投影、三视图、零件图、装配图知识体系），课程知识的逻辑主线是以绘制直齿圆柱齿轮减速器工程图所需知识来构建的，是一种行动体系的课程。课程的显著特点有:课程的各任务间的系统性强;课程的任务对接职业岗位工作任务;课程内容的序化符合职业能力成长的规律。

本书内容既紧密结合应用的实际，又参照教育部颁发的《中等职业学校数控技术应用专业领域技能型紧缺人才培养培训指导方案》中核心教学与训练项目的基本要求，还与国家机械绘图员中级职业技术标准和中级技术工人等级考核标准相结合。

本书由广州市番禺区职业技术学校江献华、陈颂阳担任主编，陈崇军、段超、蒋相富、王新林、吴志华、杨孚春参与编写。本书在编写过程中，得到了本书在编写过程中得到企业专家谢政平、曹玉成、王鹏的技术指导，并参阅了大量相关教材和文献资料，在此一并致谢。

由于编者水平有限，书中难免有疏漏和不妥之处，恳请广大读者和专家提出宝贵意见和建议。

编　者

2011 年 6 月

课程项目任务

——绘制直齿圆柱齿轮减速器零件图与装配图

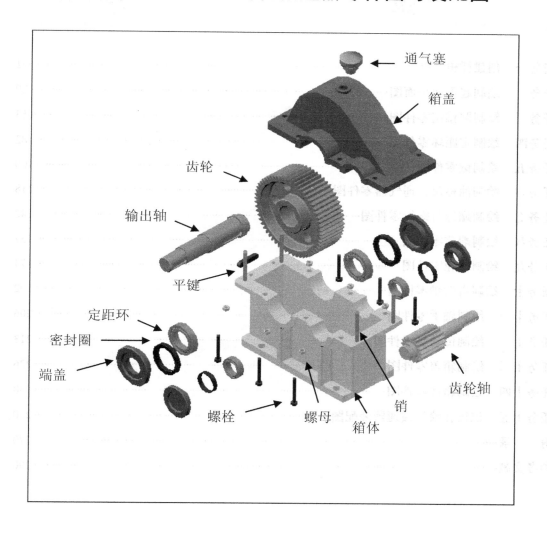

通气塞

箱盖

齿轮

输出轴

平键

定距环

密封圈

端盖

螺栓   螺母   箱体

销

齿轮轴

目录

Contents

任务一　创建样板文件 1

任务二　绘制起重钩平面图 29

任务三　绘制圆锥销零件图 53

任务四　绘制定距环零件图 82

任务五　绘制键零件图 100

任务六　绘制油标尺、通气器零件图 118

任务七　绘制螺母与螺栓零件图 142

任务八　绘制端盖零件图 157

任务九　绘制齿轮零件图 174

任务十　绘制齿轮轴零件图 192

任务十一　绘制轴承零件图 206

任务十二　绘制传动轴零件图 213

任务十三　绘制箱盖零件图 226

任务十四　绘制箱体零件图 238

任务十五　识读和绘制减速器装配图 250

附　　录 270

参考文献 290

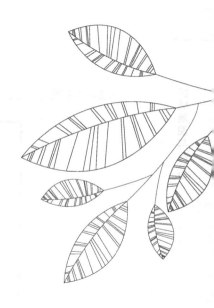

任务一

创建样板文件

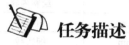 **任务描述**

在 AutoCAD 软件中创建 A4 图幅和 A3 图幅的两个样板文件。具体要求如下。

1. A4 图幅和 A3 图幅样板文件要求。A4 图幅和 A3 图幅样板文件如图 1-1、图 1-2 所示。

（1）A4 图幅竖放，不留装订边，如图 1-1 所示。

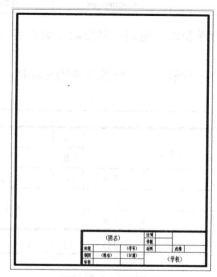

图 1-1　A4 样板文件

（2）A3 图幅横放，留装订边，画出图纸边界线及图框线，如图 1-2 所示。

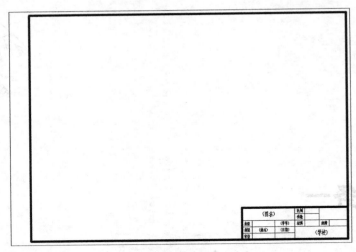

图 1-2　A3 样板文件

2．样板文件图层、线型、颜色和线宽要求。样板文件图层、线型、颜色和线宽按表 1-1 要求设置。

表 1-1　　　　　　　　　　　　　样板文件设置要求

图层	颜色	线型	线宽	绘制内容
01	白	Continuous	0.5 mm	粗实线
02	绿	Continuous	0.25 mm	细实线
04	黄	ACAD_ISO02W100	0.25 mm	细虚线
05	红	ACAD_ISO04W100	0.25 mm	细点画线
07	粉红	ACAD_ISO05W100	0.25 mm	细双点画线
08	绿	Continuous	0.25 mm	尺寸

3．样板文件单位。长度单位取十进制，精度取小数点后 3 位；角度单位取度、分、秒，精度取 0。

4．标题栏要求。按图 1-3 所示，画出样板文件的标题栏，并填写所有文字。

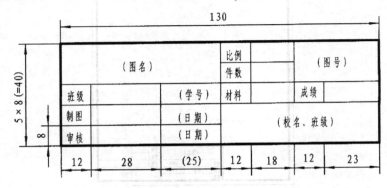

图 1-3　标题栏

5. 存盘。A4 样板文件以"CADA4.dwt"、A3 样板文件以"CADA3.dwt"为文件名存盘。

 学习目标

完成本项目后，应具备如下职业能力。
1．熟悉最新国家机械制图标准中图线、图幅、比例、文字等相关规定。
2．会查询机械制图国家标准，能正确使用机械制图相关工具书。
3．能根据要求熟练运用 AutoCAD 软件设置绘图环境。
4．具备根据用户要求准确、快速创建样板文件的能力。
5．具备严谨、细致、一丝不苟的工作作风和计算机绘图员的职业意识。

 任务知识与技能分析

知识与技能点		评价目标
制图知识	图线	能说出图线的名称、类型及应用、图线宽度等
	图幅和图框	会合理选择图幅种类、尺寸及图框的格式
	标题栏	说出标题栏包含的内容及意义
	比例	能说出比例的种类，并能判断所选比例的类型
	字体	会正确选择字体的类型、高度等
CAD知识	CAD 工作界面	打开经典界面，指出界面的内容
	图形文件的管理	能对图形文件进行创建、打开和保存等操作
	使用命令与系统变量	能使用鼠标输入命令和键盘输入命令，掌握透明命令和命令的重复、撤消、重做等
	设置绘图环境	会设置图形界限、图形单位、文字样式和图层等
	控制图形显示	能执行图形显示的缩放与移动等操作
	对象追踪	能设置并应用极轴追踪、对象捕捉、对象捕捉追踪等
	数据输入	会点的输入和数据输入
	绘图命令	能使用矩形命令和直线命令绘图
	编辑命令	能使用对象选择、删除、复制、修剪、偏移等命令精确绘图

 知识链接

 机械制图国家标准的基本内容

为了便于生产和技术交流，图样的格式、内容和表示方法必须有统一的规定。为此，国家技术监督局和标准局发布实施了一系列国家标准。这些标准成为绘制和识读机械图样的准则和依据。本节简要介绍其中的部分内容。

一、图纸幅面和标题栏

1. 图纸幅面

机械制图中，应选用表 1-2 中规定的 5 种基本幅面尺寸。必要时，也允许选用加长幅面，但其尺寸必须是基本幅面短边的整数倍。其尺寸关系如图 1-4 所示。

表 1-2　　　　　　　　　　　图纸幅面的基本尺寸　　　　　　　　（单位：mm）

幅面代号	A0	A1	A2	A3	A4
$B \times L$	841×1189	594×841	420×594	297×420	210×297
e	20			10	
c	10			5	
a	25				

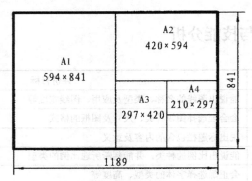

图 1-4　基本幅面

2. 图框格式

绘图时必须用粗实线画出图框线。其格式分为不留装订边和留有装订边 2 种。图 1-5 所示为不留装订边样式，图 1-6 所示为留装订边样式。同一产品的图样只能采用一种格式。另外，还有横放和竖放 2 种形式。图 1-5（a）和图 1-6（a）所示为横放形式，图 1-5（b）和图 1-6（b）所示为竖放形式。

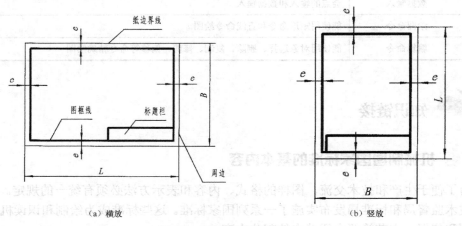

（a）横放　　　　　　　　　　　　　　（b）竖放

图 1-5　不留装订边图框格式

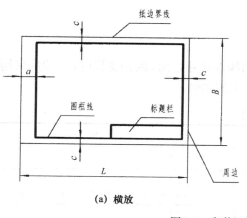 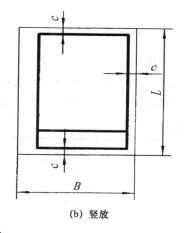

(a) 横放　　　　　　　　　　　　　　　　　(b) 竖放

图 1-6　留装订边图框格式

3. 标题栏及其方位

每张图纸都必须画标题栏。标题栏位于图纸的右下角，如图 1-7 所示。标题栏中的文字方向为看图方向。

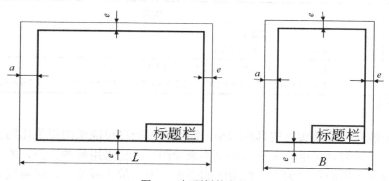

图 1-7　标题栏的方位

国家标准 GB/T 10609.1—2008 对标题栏做出了规定，如图 1-8 所示。学生作业标题栏可以自己定，建议采用图 1-3 所示的简化标题栏。

图 1-8　标题栏格式

二、比例和字体

1. 比例

比例是指图中图形与其实物相应要素的线性尺寸之比。绘制图样时，一般应采用表 1-3 规定的标准比例。必要时，允许选取表 1-4 中的比例。

表 1-3   比例（一）

种类	比例
原值比例	$1:1$
放大比例	$5:1$ $2:1$ $5 \times 10^n : 1$ $2 \times 10^n : 1$ $1 \times 10^n : 1$
缩小比例	$1:2$ $1:5$ $1:2 \times 10^n$ $1:5 \times 10^n$ $1:1 \times 10^n$

注：n 为正整数。

表 1-4   比例（二）

种类	比例
放大比例	$4:1$ $2.5:1$ $4 \times 10^n : 1$ $2.5 \times 10^n : 1$
缩小比例	$1:1.5$ $1:2.5$ $1:3$ $1:4$ $1:6$ $1:1.5 \times 10^n$ $1:2.5 \times 10^n$ $1:3 \times 10^n$ $1:4 \times 10^n$ $1:6 \times 10^n$

注：n 为正整数。

为使图形能直接反映实物的真实大小，绘图时，应尽可能采用原值比例。但因机件结构各不相同，有时需要采用放大或缩小比例来绘图。无论采用何种比例，图形上所注的尺寸数值，必须是实物的实际大小。带角度的图形，不论放大或缩小，仍应按实际角度绘制和标注。

标注比例时，比例一般应标注在标题栏中的"比例"栏内，比例符号应以":"表示，如 $1:1$，$1:2$，$2:1$ 等。

2. 字体

字体的高度 h，其公称尺寸系列为：1.8，2.5，3.5，5，7，10，14，20，单位为 mm。字体的号数代表字体的高度。如需要书写更大的字，其字体高度应按 $\sqrt{2}$ 的比率递增。

汉字应写成长仿宋体，并采用中华人民共和国国务院正式公布推行的《汉字方案》中规定的简化字。汉字的高度 h 不应小于 3.5 mm，其字宽一般为 $h/\sqrt{2}$。

字母和数字可写成斜体或直体。斜体字字头向右倾斜，与水平基准线成 75°。一般采用斜字体。在同一张图样上，只允许选用一种形式的字体，如图 1-9 所示。

图 1-9   数字与字母的示例

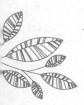

三、图线

1. 图线形式及其用途

国家标准《机械制图 图样画法 图线》规定了工程图样中采用的各种线型及其应用场合，表1-5所示为常用的图线名称、形式及主要用途，其应用示例如图1-10所示。

表 1-5 机械制图的线型及其应用

图线名称	图线形式	图线宽度	一般应用
粗实线		d	(1) 可见轮廓线 (2) 可见过渡线
虚线	4~6　≈1	$d/2$	(1) 不可见轮廓线 (2) 不可见过渡线
细实线		$d/2$	(1) 尺寸线及尺寸界线 (2) 剖面线 (3) 重合断面的轮廓线 (4) 螺纹牙底线及齿轮齿根线 (5) 引出线
点画线	15~30　≈3	$d/2$	(1) 轴线 (2) 对称中心线 (3) 轨迹线 (4) 节圆及节线
双点画线	15~20　≈5	$d/2$	(1) 相邻辅助零件的轮廓线 (2) 极限位置轮廓线 (3) 假想投影轮廓线 (4) 中断线
波浪线		$d/2$	(1) 断裂处的边界线 (2) 视图与剖视的分界线
双折线		$d/2$	断裂处的边界线
粗点画线		d	有特殊要求的线或表面的表示线

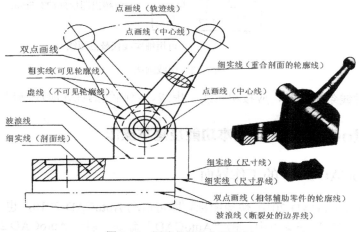

图 1-10　图线的部分应用示例

2．线宽

机械图样中的图线分为粗线和细线 2 种。粗线宽度 d 应根据图形的大小和复杂程度在 0.5～2mm 之间选取，细线的宽度约为 $d/2$。图线宽度的推荐系列为：0.13，0.18，0.25，0.35，0.5，0.7，1，1.4，2，单位为 mm。实际画图中，粗线一般取 0.7mm 或 0.5 mm。在同一图样中，同类图线的宽度应一致。

3．图线画法

（1）同一图样中，同类图线的宽度应基本一致。虚线、点画线及双点画线的线段长度和间隔应各自大小相等。实际作图时，通常虚线画长 4～6 mm，间隔 1 mm；点画线画长 15～30 mm，两画间的间隔约为 3 mm；双点画线画长 15～20 mm，两画间的间隔约为 5 mm。

（2）两条平行线（包括剖面线）之间的距离应不小于粗实线宽度的 2 倍，其最小距离不得小于 0.7 mm。

（3）画圆的中心线时，圆心应是细点画线的长画线段的交点，点画线两端应超出轮廓 2～5 mm。当圆心较小时，允许用细实线代替点画线。

（4）线和线应恰当地相交于画线处，而不是点或间隔，如图 1-11 所示。

正确　　　　　　　错误　　　　　　　错误

图 1-11　线与线相交

（5）虚线与虚线、虚线与粗实线相交应是线段相交。当虚线处于粗实线的延长线上时，粗实线应画到位，而虚线相连处应留有空隙，如图 1-12 所示。

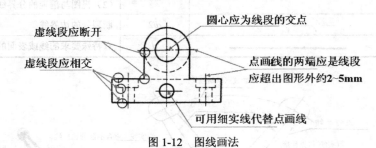

图 1-12　图线画法

（6）当各种线条重合时，应按粗实线、虚线、点画线的优先顺序画出。

AutoCAD 2010 基本功能及基本操作

一、AutoCAD 2010 的工作界面

双击桌面上 AutoCAD 2010 快捷图标 即可启动 AutoCAD 2010，也可以通过在"开始"菜单中的"程序"子菜单中单击"AutoCAD"命令，启动 AutoCAD 2010。

AutoCAD 2010 启动后，可出现图 1-13 所示的工作界面。

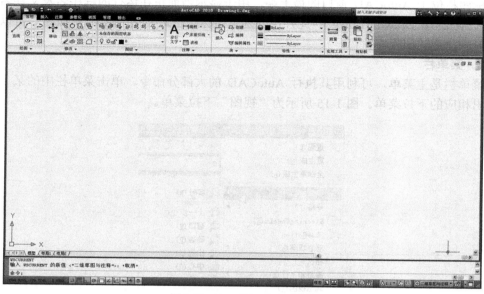

图 1-13　AutoCAD 2010 界面

二、AutoCAD 2010 经典界面

AutoCAD 2010 的经典界面主要由标题栏、菜单栏、工具栏、绘图窗口、文本窗口与命令行、状态栏等元素组成，如图 1-14 所示。

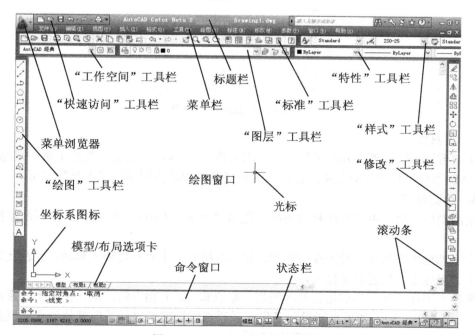

图 1-14　AutoCAD 2010 经典界面

1．标题栏

标题栏位于 AutoCAD 窗口的最上端，用于显示当前正在运行的程序名及文件名，如 "AutoCAD2010 Drawing1.dwg"。此外，分别单击标题栏最右端的 ━ ▢ ✖ 按钮，可以最小化、最大化或关闭程序窗口。

2．菜单栏

菜单栏是主菜单，可利用其执行 AutoCAD 的大部分命令。单击菜单栏中的某一项，会弹出相应的下拉菜单。图 1-15 所示为"视图"下拉菜单。

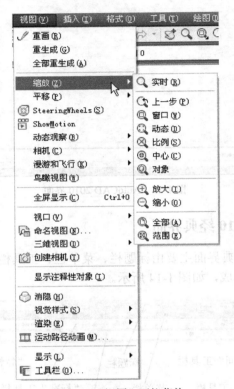

图 1-15 "视图"下拉菜单

3．工具栏

用户可以根据需要打开或关闭任一个工具栏。方法是：在已有工具栏上单击鼠标右键，AutoCAD 弹出工具栏快捷菜单，在弹出的快捷菜单中单击所需的工具名称即可。

4．绘图窗口

绘图窗口类似于手工绘图时的图纸，是用户用 AutoCAD 2010 绘图并显示所绘图形的区域。

十字光标用来指示当前的操作位置。移动鼠标时十字光标将随之移动，并在状态栏中显示十字光标所在位置的坐标值。

坐标系图标反映了当前坐标系的类型、原点和 X、Y 轴方向。默认情况下，系统采用世界坐标系（WCS）。如果重新设置了坐标系原点或调整了坐标系的其他设置，世界坐标系将变成用户坐标系（UCS），如图 1-16 所示。

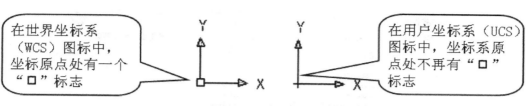

图1-16　坐标系图标

5. 命令行

命令行是一个交互式窗口，可以通过命令行输入 AutoCAD 的各种命令及参数，而命令行也会显示出各命令的具体操作过程和信息提示。如图 1-17 所示，在命令行中输入"LINE"并按【Enter】键，此时命令行窗口将提示用户指定直线的第一点。默认情况下，AutoCAD 在命令窗口保留最后 3 行所执行的命令或提示信息。可以通过拖动窗口边框的方式改变命令窗口的大小，使其显示多于 3 行或少于 3 行的信息。

图1-17　命令行

6. 状态栏

状态栏用于显示或设置当前的绘图状态。状态栏位于 AutoCAD 操作界面的最下方。状态栏上位于左侧的一组数字反映当前十字光标的坐标值，其余按钮从左到右分别表示当前是否启用了捕捉模式、栅格显示、正交模式、极轴追踪、对象捕捉、对象捕捉追踪、动态 UCS、动态输入等功能以及是否显示线宽、当前的绘图空间等信息，如图 1-18 所示。

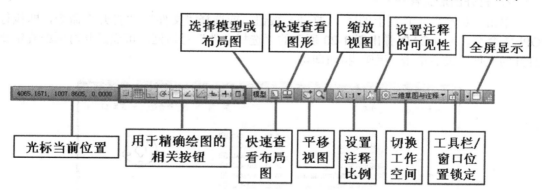

图1-18　AutoCAD 状态栏

三、图形文件的管理

在 AutoCAD 中，图形文件管理包括创建新的图形文件、打开已有的图形文件、保存图形文件等操作。

1. 创建新图形文件

单击"标准"工具栏上的 ▢ （新建）按钮，或选择"文件"|"新建"命令，即执行 NEW 命令，AutoCAD 弹出"选择样板"对话框，如图 1-19 所示。

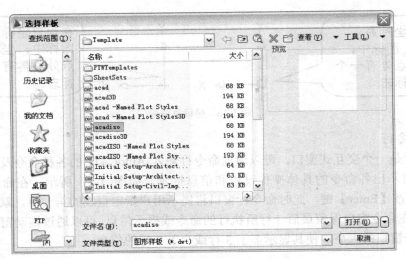

图 1-19 "选择样板"对话框

提示

● 在"选择样板"对话框的文件类型中选择"图形（*.dwg）"，在打开方式中选择"无样板打开-公制"，创建新图形。利用这种方式可以根据自己的需要对绘图环境进行设置，创建自己的模板，并可将其保存为*.dwt 文件，以便在绘图时调用。建议初学者用这种方式开始绘制新图。

● 在"选择样板"对话框的文件类型中选择"图形样板（*.dwt）"，在样板列表框中选中某一样板文件。这时在对话框右侧的"预览"框中将显示该样板的预览图像。

2. 打开图形文件

单击"标准"工具栏上的 📂（打开）按钮，或选择"文件"|"打开"命令，即执行 OPEN 命令，AutoCAD 弹出图 1-20 所示的"选择文件"对话框。可通过此对话框确定要打开的文件，最后单击 打开⑩ 按钮即可。

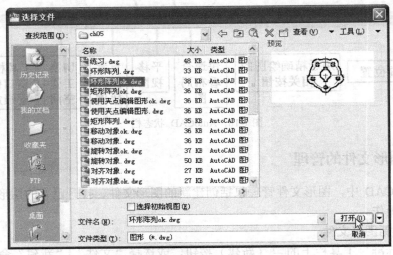

图 1-20 "选择文件"对话框

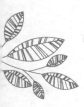

3. 保存图形文件

在绘图过程中，要随时将已绘制的图形文件存盘。AutoCAD 2010 为用户提供了 2 种保存方式：一种是以当前文件名保存，即快速保存；另一种是以指定的新文件名保存，即换名保存。

（1）快速保存有以下 3 种方法。

① 菜单栏：单击菜单"文件(F)"|"保存(S)"命令。

② 工具栏：单击"标准"工具栏中的"保存"按钮█。

③ 命令行：在命令行输入"SAVE"。

（2）换名保存有以下 2 种常用方法。

① 菜单栏：单击菜单"文件(F)"|"另存为(A)"命令。

② 命令行：在命令行输入"SAVEAS"。

执行换名保存命令后，系统将弹出"图形另存为"对话框，如图 1-21 所示。

图 1-21 "图形另存为"对话框

在该对话框中，用户可以为图形文件指定要保存的文件名和文件路径，并可在"文件类型"下拉列表中根据需要选择一种图形文件的保存类型。

四、使用命令与系统变量

1. 使用鼠标操作执行命令

在绘图窗口中，光标通常显示为"十"形式。当光标移至菜单选项、工具与对话框内时，它会变成一个箭头。无论光标是"十"形式还是箭头形式，当单击或者按动鼠标键时，都会执行相应的命令或动作。

提示

在 AutoCAD 中，鼠标键是按照下述规则定义的。

● 拾取键：通常指鼠标左键，用于指定屏幕上的点，也可以用来选择 Windows 对象、AutoCAD 对象、工具栏按钮和菜单命令等。单击、双击都是对拾取键而言的。

● 确认键：指鼠标右键，用于结束当前使用的命令，此时系统将根据当前绘图状态弹出不同的快捷菜单。

● 弹出菜单：当使用【Shift】键和鼠标右键的组合时，系统将弹出一个快捷菜单，用于设置捕捉点的方法。对于三键鼠标，弹出按钮通常是鼠标的中间按钮。

● 鼠标滚轮：直接滚动鼠标滚轮，可放大或缩小图形；如果按住滚轮并移动光标，则可平移图形。

2. 通过键盘输入命令

在 AutoCAD 中，大部分的绘图、编辑功能都需要通过键盘输入来完成，即通过键盘输入命令和系统变量。此外，键盘还是输入文本对象、数值参数、点的坐标和进行参数选择的唯一途径。

3. 透明命令

透明命令是指在执行其他命令的过程中可以执行的命令。例如，在画圆时，希望缩放视图，这时，可以激活透明命令 ZOOM。激活的方法是，在输入的透明命令前输入单引号，或单击工具栏命令图标。完成透明命令后，将继续执行画圆命令。

4. 命令的重复、撤消、重做

在使用 AutoCAD 绘图时，如果希望终止执行当前命令，撤消已执行的命令，或者快速重复执行刚执行的命令，可按下列方法进行操作。

（1）重复命令。

重复执行命令具体方法如下。

① 按键盘上的【Enter】键或按【Space】键。

② 使光标位于绘图窗口，单击鼠标右键，弹出快捷菜单，并在菜单的第一行显示出"重复执行上一次所执行的命令"选项，选择此命令即可重复执行对应的命令。

（2）终止命令。

在 AutoCAD 中执行某项命令时，可随时按【Esc】键取消命令操作。此外，也可以单击鼠标右键，从弹出的快捷菜单中选择"取消"来取消命令操作。

（3）撤消已执行的命令。

单击"标准"工具栏中的"放弃"按钮 ，按【Ctrl+Z】快捷键，或者选择"编辑"下拉菜单中的第一个菜单项，均可撤消最近执行的一步操作。连续执行此命令可撤销最近执行的多步操作。

如果希望一次撤消多步操作，可单击"放弃"按钮右侧的 按钮，然后在弹出的操作列表中上下移动光标选择多步操作，最后单击鼠标确认。

五、设置绘图环境

1. 设置图形界限

选择"格式"|"图形界限"命令，即执行 LIMITS 命令。

AutoCAD 提示：

指定左下角点或［开（ON）/关（OFF）<0.0000，0.0000>]:（指定图形界限的左下角位置，直接按【Enter】键或【Space】键将采用默认值）

指定右上角点:（指定图形界限的右上角位置）

通过选择"开(ON)"或"关(OFF)"选项可以决定能否在图限之外指定一点。如果选

择"开(ON)"选项，那么将打开界限检查；如果选择"关(OFF)"选项，AutoCAD 禁止界限检查，可以在图形界限之外画对象或指定点。

2．设置绘图单位格式

选择"格式"|"单位"命令，即执行 UNITS 命令，AutoCAD 弹出"图形单位"对话框，如图 1-22 所示。

图 1-22 "图形单位"对话框

在"图形单位"对话框中，"长度"选项组确定长度值类型与精度；"角度"选项组确定角度值类型与精度；还可以确定角度正方向以及插入时的缩放单位等。

3．设置文字样式

创建文本样式常用以下 3 种方式。

① 命令行：ST(style)。

② 菜单栏：选择"格式"|"文字样式"命令。

③ 工具栏：单击"文字样式"按钮🔏。

执行上述命令后，AutoCAD 弹出图 1-23 所示的"文字样式"对话框。

图 1-23 "文字样式"对话框

（1）"样式"列表框中列有当前已定义的文字样式，可从中选择对应的样式作为当前样式，也可以进行样式修改。

（2）"字体"选项组用于确定所采用的字体。

（3）"大小"选项组用于指定文字的高度。

（4）"效果"选项组用于设置字体的某些特征，如字的宽高比（即宽度比例）、倾斜角度、是否倒置显示、是否反向显示以及是否垂直显示等。

以下是几种字体名称。

① 斜体：italic.shx,输入斜体字母和数字，不用设置倾斜角度。

② 希腊字体：greeks.shx,输入希腊字母，不用设置倾斜角度。

③ 几何公差符号：gdt.shx,

4．设置图层

图层是组织复杂图形的重要工具。可以将图层想象为一张透明的图纸，图纸上绘有属于该图层的实体，所有图层重叠在一起就组成一个完整的图形。图层是 AutoCAD 中的主要组织工具。可以使用图层功能按钮控制图层、组织信息以及执行线型、颜色和其他管理操作。

设置图层常用以下 3 种方式。

① 命令行：LA（layer）。

② 菜单栏：选择"格式"|"图层"命令。

③ 工具栏：单击"图层"工具栏上的 （图层特性管理器）按钮。

执行上述命令后 AutoCAD 弹出图 1-24 所示的"图层特性管理器"对话框。

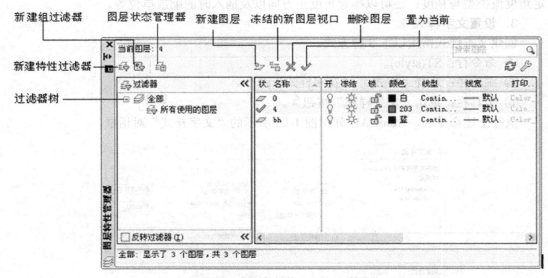

图 1-24 "图层特性管理器"对话框

在 AutoCAD 中，使用"图层特性管理器"对话框不仅可以建立新图层，设置图层的线型、颜色、线宽，还可以对图层进行更多的设置与管理，如图层的切换、重命名、删除及图层的显示控制等。

（1）创建新图层。

AutoCAD 提供了"0"图层，图层 0 将被指定使用 7 号颜色（白色或黑色，由背景色决定）、Continuous 线型、默认线宽 0.25 磅及 NORMAL 打印样式。在绘图过程中，如果要使用更多的图层来组织图形，就需要先创建新图层。

在"图层特性管理器"对话框中，单击"新建图层"按钮 ，可以创建一个名称为"图层 1"的新图层。在默认情况下，新建图层与当前图层的状态、颜色、线宽等设置相同。

当创建新图层后，图层的名称将显示在图层列表框中。如果要更改图层名称，可单击该图层名，然后输入一个新的图层名并按【Enter】键即可。

（2）设置图层颜色。

新建图层后，要改变图层的颜色，可在"图层特性管理器"对话框中单击图层的"颜色"列对应的图标，打开"选择颜色"对话框，如图 1-25 所示。

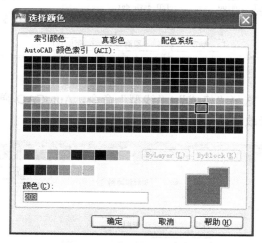

图 1-25 "选择颜色"对话框

（3）使用与管理线型。

线型是指图形基本元素中线条的组成和显示方式，如虚线和实线等。

① 设置图层线型。如要改变某图层的线型，可单击"图层特性管理器"对话框中该图层的线型名称"Continuous"，AutoCAD 将会打开"选择线型"对话框，如图 1-26 所示。

图 1-26 "选择线型"对话框

② 加载线型。如果线型列表框中没有列出需要的线型，则应从线型库加载它。单击"加载"按钮，AutoCAD 弹出图 1-27 所示的"加载或重载线型"对话框，从中可选择要加载的线型并加载。

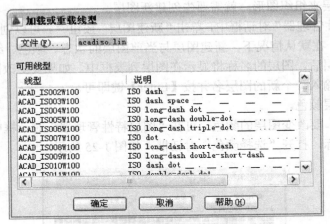

图 1-27　"加载或重载线型"对话框

③ 设定线型比例。选择"格式"|"线型"命令，AutoCAD 弹出"线型管理器"对话框，如图 1-28 所示。修改"全局比例因子"参数。

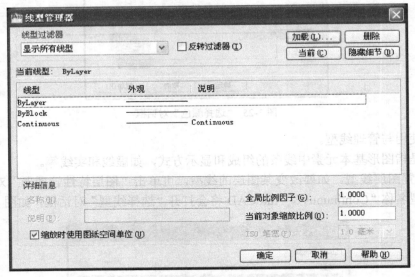

图 1-28　"线型管理器"对话框

六、控制图形显示

1．图形显示缩放

可利用 ZOOM 命令实现缩放，也可利用菜单命令或工具栏实现缩放。AutoCAD 2010 提供了用于实现缩放操作的菜单命令和工具栏按钮，利用它们可以快速执行缩放操作。图

1-29、图 1-30 所示分别是"缩放"子菜单（位于"视图"下拉菜单）和"缩放"工具栏，利用它们可实现对应的缩放。

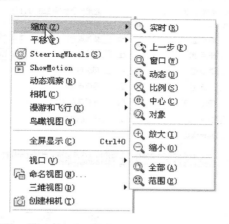

图 1-29 "缩放"子菜单

图 1-30 "缩放"工具栏

2. 图形显示移动

图形显示移动是指移动整个图形，就像是移动整个图纸，以便使图纸的特定部分显示在绘图窗口。执行显示移动后，图形相对于图纸的实际位置并不发生变化。

PAN 命令用于实现图形的实时移动。执行该命令，AutoCAD 在屏幕上出现一个小手光标，并提示，按【Esc】或【Enter】键退出，或单击鼠标右键显示快捷菜单。

七、对象追踪

利用对象捕捉功能，在绘图过程中可以快速、准确地确定一些特殊点，如圆心、端点、中点、切点、交点、垂足等。

可以通过"对象捕捉"工具栏和"对象捕捉"菜单（按【Shift】键后右击可弹出此快捷菜单）启动对象捕捉功能。

在状态栏上的"对象捕捉"按钮上右击，从弹出的快捷菜单中选择"设置"命令，打开话框，如图 1-31 所示。

图 1-31　草图设置

　　在"对象捕捉"选项卡中，可以通过"对象捕捉模式"选项组中的各复选框确定自动捕捉模式，即确定使 AutoCAD 将自动捕捉到哪些点，并显示出捕捉到相应点的小标签。设置完成后，单击拾取键，AutoCAD 就会以该捕捉点为相应点。

八、AutoCAD 数据的输入

　　在执行 AutoCAD 命令时，需要输入所需的数据。常见的数据有：点的坐标（线段的端点、圆心、基点等）和数值（距离或长度、直径或半径、角度、位移量、项目数等）。

1. 点的输入

　　当系统提示指定点时，可用键盘输入点的坐标，也可用鼠标在屏幕上选取一点。如果采用键盘输入，要在输入数据后按【Enter】键确认。表 1-6 给出了点的坐标输入方式。

2. 数据的输入

　　当系统提示输入数值时，可用键盘直接输入，也可以通过鼠标指定的两点来输入。用键盘输入数值后一定要按【Enter】键确认。

表 1-6　　　　　　　　　　　　点的坐标输入方式

方式		表示方法	输入格式	说明
键盘输入	绝对坐标	给定点相对于当前坐标原点的坐标，可采用直角坐标、极坐标、球面坐标和柱面坐标方式实现	直角坐标（数据间用"，"分隔） X,Y,Z	通过键盘输入（X，Y，Z），二维图形没有 Z。如：A（20,20）
	相对坐标	给定点相对于前一个已知点的坐标增量，也有直角坐标、极坐标、球面坐标和柱面坐标方式，在输入的数据前面加"@"	直角坐标 $@X,Y,Z$	@表示相对坐标，如：B（@40,40）

九、绘图命令

1. 矩形命令

① 菜单命令选择："绘图"|"矩形"命令。

② 工具栏：单击"绘图"工具栏"矩形"□按钮。

③ 命令行：REC（rectang）。

执行命令后，AutoCAD 提示：

指定第一个角点或 [倒角(C)/标高(E)/圆角(F)/厚度(T)/宽度(W)]:

其中，"指定第一个角点"选项要求指定矩形的一角点。执行该选项，AutoCAD 提示：

指定另一个角点或 [面积(A)/尺寸(D)/旋转(R)]:

此时可通过指定另一角点绘制矩形，或通过"面积"选项根据面积绘制矩形，或通过"尺寸"选项根据矩形的长和宽绘制矩形，还可以通过"旋转"选项绘制按指定角度放置的矩形。

执行 RECTANG 命令时，"倒角"选项表示绘制在各角点处有倒角的矩形；"标高"选项用于确定矩形的绘图高度，即绘图面与 *XY* 面之间的距离；"圆角"选项用于确定矩形角点处的圆角半径，使所绘制矩形在各角点处按此半径绘制出圆角；"厚度"选项用于确定矩形的绘图厚度，使所绘制矩形具有一定的厚度；"宽度"选项用于确定矩形的线宽。

2. 直线命令

① 菜单命令：选择"绘图|直线"命令。

② 工具栏：单击"绘图"工具栏"直线"按钮。

③ 命令行：L（line）。

十、编辑命令

1. 选择对象

当执行 AutoCAD 2010 的某一编辑命令或其他某些命令后，AutoCAD 通常会提示"选择对象："，即要求用户选择要进行操作的对象，同时把十字光标改为小方框形状（称为拾取框）。此时用户应选择对应的操作对象。常用的选择对象的方式如下。

（1）单击选择对象。

用鼠标直接单击所选对象，如图 1-32 所示。

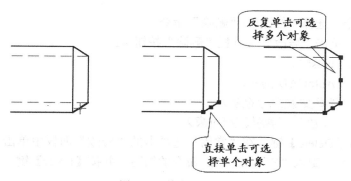

图 1-32　单击选择对象

所有被选中的对象将形成一个选择集。如果要从此选择集中取消某个对象，只需在按住【Shift】键的同时单击需要取消的对象即可。

（2）利用窗选和窗交方法选择对象。

如果希望选择一组邻近对象，可使用窗选或窗交法。所谓窗选是指先单击确定选区的左侧角点，然后向右移动光标，再单击确定其对角点，即自左向右拖出选区，此时所有完全包含在选区中的对象均会被选中。如图1-33所示，此时显示的选区是蓝色的。

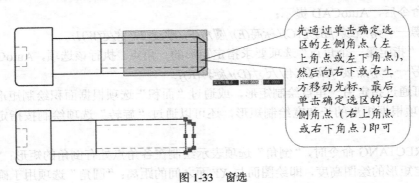

> 先通过单击确定选区的左侧角点（左上角点或左下角点），然后向右下或右上方移动光标，最后单击确定选区的右侧角点（右上角点或右下角点）即可

图1-33　窗选

所谓窗交是指先单击确定选区的右侧角点，然后向左移动光标，并确定其对角点，即自右向左拖出选区，此时所有完全包含在选区中以及所有与选区相交的对象均会被选中。如图1-34所示，此时显示的选区是绿色的。

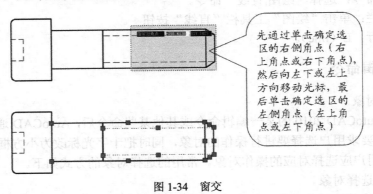

> 先通过单击确定选区的右侧角点（右上角点或右下角点），然后向左下或左上方向移动光标，最后单击确定选区的左侧角点（左上角点或左下角点）

图1-34　窗交

2. 删除

① 菜单命令：选择"修改"|"删除"命令。

② 工具栏：单击"修改"工具栏"删除"按钮 。

③ 命令：E（erase）。

执行命令后，AutoCAD提示：

选择对象：（选择要删除的对象）

选择对象： ↙（也可以继续选择对象）

按键盘上的【Delete】键，在"常用"选项卡的"修改"面板中单击"删除"按钮，或者直接在命令行中键入"E"（ERASE命令的缩写）并按【Enter】键，都可以删除所选对象。

3．复制

① 菜单命令：选择"修改"|"复制"命令。

② 工具栏：单击"修改"工具栏"复制"按钮⑬。

③ 命令行：CO（copy）。

执行命令后，选择对象，回车，指定基点，再指定第 2 点，回车结束命令。

4．修剪

① 菜单命令：选择"修改"|"修剪"命令。

② 工具栏：单击"修改"工具栏"修剪"按钮┼。

③ 命令行：TR（trim）。

修剪有 2 种操作方法。

（1）选择要修剪的对象，单击鼠标左键剪去。注意，当交错线较多时，应由外向内逐一修剪。

（2）选择窗口边界相交的对象作为被修剪对象。

延伸操作：按住【Shift】键选择要延伸的对象。

5．偏移对象

偏移操作又称为偏移复制，用于创建同心圆、平行线或等距曲线。

① 菜单命令：选择"修改"|"偏移"命令。

② 工具栏：单击"修改"工具栏"偏移"按钮⬧。

③ 命令行：O（offset）。

操作过程：执行偏移命令，输入偏移距离，回车，选择偏移对象，回车，在要偏移复制的一侧单击鼠标左键。

📖 任务实施

一、设置比例因子

格式、线型、显示细节如图 1-35 所示。

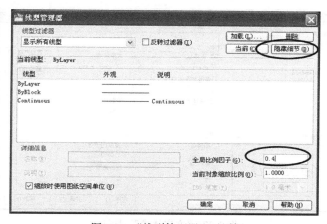

图 1-35　"线型管理器"对话框

二、设置绘图单位

可以选择"格式"|"单位"命令，在打开的"图形单位"对话框中设置绘图时使用的长度单位、角度单位，以及单位的显示格式和精度等参数，如图 1-36 所示。

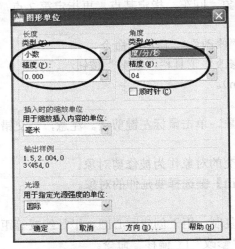

图 1-36 "图形单位"对话框

三、设置文字样式

国家制图标准要求：汉字字体为长仿宋体，标题栏中文字高度为 5 mm、尺寸文字高度为 3.5 mm。

设置文字样式步骤如下。

（1）菜单命令：选择"格式"|"文字样式"命令。

（2）打开"文字样式"对话框，单击"新建"按钮，创建文字样式。单击"应用"按钮。

（3）建议样式名设为"jx"、西文字体使用"gbeitc.shx"、大字体使用"gbcbig.shx"（中文字体）、高度设为 5 mm、宽度因子设为 1.00、倾斜角度设为 0，如图 1-37 所示。

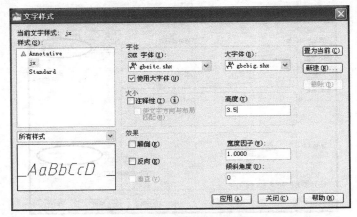

图 1-37 "文字样式"对话框

四、设置图层的方法

1. 创建新图层

在"图层特性管理器"对话框中，单击"新建图层"按钮 ，可以创建新图层，图层名别设为"01"、"02"、"04"、"05"、"07"、"08"，如图 1-38 所示。

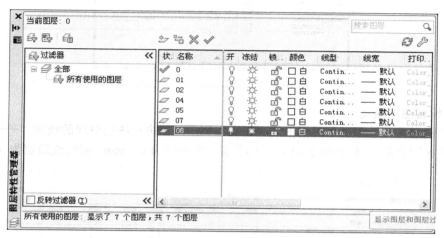

图 1-38 新建图层

2. 设置图层颜色

新建图层后，要改变图层的颜色，可在"图层特性管理器"对话框中单击图层的"颜色"列对应的图标，打开"选择颜色"对话框，进行设置，如图 1-39 所示。

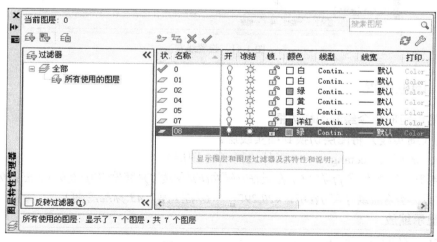

图 1-39 设置图层颜色

3. 加载线型

单击"图层特性管理器"对话框中该图层的线型名称"Continuous"，AutoCAD 将会打开"选择线型"对话框，单击"加载"按钮，弹出图 1-40 所示的"加载或重载线型"对话框，从中可选择要加载的线型并加载。再选取所需的对应图层的线型即可。

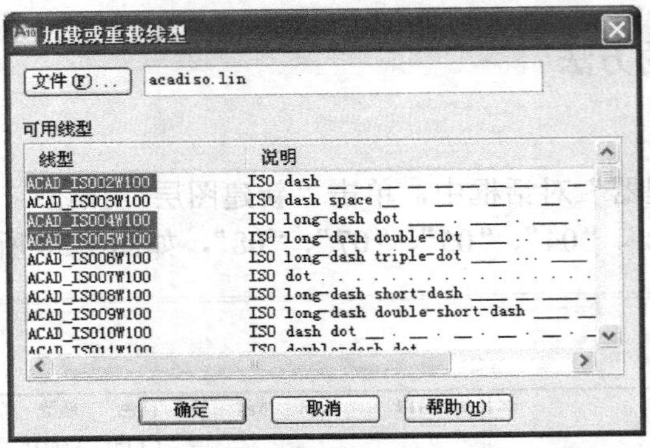

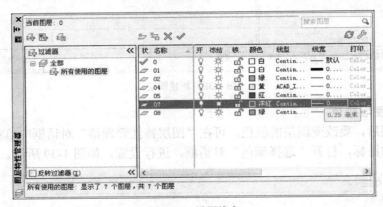

图 1-40 "加载或重载线型"对话框

4．设置图层线宽

在"图层特性管理器"对话框的"线宽"列中，单击该图层对应的线宽"——默认"，打开"线宽"对话框，做如图 1-41 所示的设置，粗实线为 0.5 mm，细实线线宽为 0.25 mm。

图 1-41　设置线宽

五、图框设置

1．使用矩形命令绘制图幅边框

边框（细实线）将图层切换到细实线层。

命令：矩形（_rectang ）　　画外边框（02 图层）

指定第一个角点或 [倒角(C)/标高(E)/圆角(F)/厚度(T)/宽度(W)]：0,0　（//左下角坐标）

指定另一个角点或 [尺寸(D)]：420,297　　（//右上角，A3 标准图幅）

2．显示缩放

命令：z ZOOM　缩放

指定窗口角点，输入比例因子 (nX 或 nXP)，或[全部(A)/中心点(C)/动态(D)/范围(E)/上一个(P)/比例(S)/窗口(W)] <实时>：A //范围缩放

快捷操作：Z　回车或空格；A　回车或空格

3．绘制内边框

线框（粗实线）将图层切换到粗实线层。

命令：矩形（_rectang ）画内边框　（01 图层）
指定第一个角点或 [倒角(C)/标高(E)/圆角(F)/厚度(T)/宽度(W)]: 25,5 (//左下角坐标)
指定另一个角点或 [尺寸(D)]: 390，287 (//右上角坐标)
可以用 Shift+2 转换相对值与绝对值。

六、绘制标题栏

按图 1-3 所示绘制标题栏。

注意： 标题栏的外边框是用粗实线表示的（01 图层），内部的线型是细实线（02 图层），选择合适的图层绘制；根据标题栏内容选择相应的文字样式和图层（08 图层），进行文字编辑。

七、保存样板图

执行菜单命令"文件"|"另存为"。

打开"图形另存为"对话框，在"文件类型"下拉列表框中，选择"AutoCAD 图形样板(*.dwt)"选项，在"文件名"文本框中输入文件名称"A3"，单击"保存"按钮，打开"样板选项"对话框。在"说明"选项组中输入对样板图形的描述和说明，如图 1-42 所示。单击"确定"按钮。此时就创建好了一个标准的 A3 幅面的样板文件。

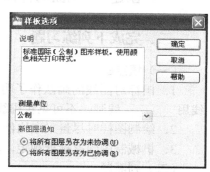

图 1-42　保存样板文件

 任务评价

班级		姓名		学号	
项目名称					
评价内容	分值	自我评价（30%）	小组评价（30%）	教师评价（40%）评价内容	
比例因子设置	5				
单位设置	5				
文字样式设置	10				
图层设置	15				
图幅	5				
图框绘制	10				
标题栏绘制	10				
标题栏填写	10				
保存最佳状态	5				
文件保存格式	5				
与组员的合作交流	10				

续表

评价内容	分值	自我评价（30%）	小组评价（30%）	教师评价（40%） 评价内容
课堂的组织纪律性	10			
总　分	100			
总　评				

❓ 任务拓展

一、创建 A2 幅面的样板文件

二、完成下列练习题

（一）填空题

1. 国标对图线的画法作了明确的规定，图样中的可见轮廓线用_____线画，尺寸线用_____线画，不可见轮廓线用_____画，对称中心线用_____画。

2. 绘制图样时尽量采取比例为_____比例，1∶2的比例是_____的比例。

3. 机械制图国家标准规定，汉字应写成_____体。

（二）判断题

1. 图纸幅面中 A0 幅面比 A4 幅面大。（　　）

2. 在机械图样中，不可见轮廓线用细实线画。（　　）

3. 图样中的比例 4∶1 是放大的比例。（　　）

4. 机械制图国家标准规定，汉字的高度不应小于 1.8 mm。（　　）

5. 图样中可见轮廓线应画成粗实线。（　　）

（三）选择题

1. 在下列图纸幅面中，幅面最大的是（　　）。

　　A．A3　　　　　　　　B．A2　　　　　　　　C．A4

2. A2 号图纸幅面的装订边宽度为（　　）mm。

　　A．25　　　　　　　　B．10　　　　　　　　C．5

3. 在机械图样中，机件的对称中心线和轴线用（　　）绘制。

　　A．点画线　　　　　　B．粗实线　　　　　　C．双点画线

4. 打开已有的图形文件，用过下拉式菜单的操作方式是（　　）。

　　A．File（文件）|Open（打开）　　　　　　B．File（文件）|Save（存盘）

　　C．File（文件）|Save　as（另存为）　　　　D．File（文件）|New（新建）

5. 在机械图样中，机件的可见轮廓线用（　　）绘制。

　　A．细实线　　　　　　B．粗实线　　　　　　C．点画线

6. AutoCAD 中样板文件的扩展名是（　　）。

　　A．dwt　　　　　　　B．bmp　　　　　　　C．dwg

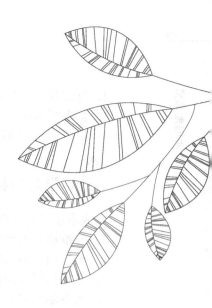

任务二

绘制起重钩平面图

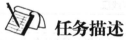 **任务描述**

1. 调用 A4 样板文件画图，按 1：1 的比例绘制图 2-1 所示的起重钩的平面图形，要求符合国家标准规定，图形表达正确，布局合理、美观。

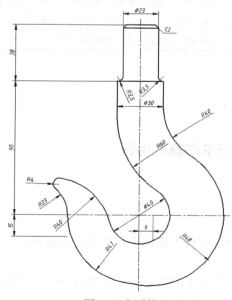

图 2-1　起重钩

2．标注尺寸要有尺寸样式设置，标注结果与原图相同。

3．标题栏内图名为"起重钩"。

4．以"起重钩-姓名.dwg"为文件名存盘。

学习目标

完成本项目后，应具备如下职业能力。

1．能准确辨别平面图形中的定形尺寸、定位尺寸和尺寸基准。

2．会运用 CAD 软件绘制圆弧内连接、圆弧外连接等作图的方法、步骤和技巧。

3．能根据平面图样，快速确定抄绘布局要求和实施步骤并执行。

4．具备运用 CAD 软件绘制类似于起重钩等平面图形和进行尺寸标注的能力。

5．熟悉图样抄绘的检验方法和要求，培养细致认真、反复核对的工作习惯。

任务知识与技能分析

	知识与技能点	评价目标
制图知识	尺寸标注	能说出一个完整尺寸的组成和尺寸标注原则，能正确运用尺寸标注方法进行尺寸标注
	线段连接	能在平面图形中指出已知线段、中间线段和连接线段
	倒角	能说出平面图形中倒角尺寸的含义
	平面图形的尺寸分析	能根据定形尺寸、定位尺寸和尺寸基准的概念正确找出平面图形中的定形尺寸、定位尺寸和尺寸基准
	平面图形的线段分析	能分析平面图形中的线段类型，确定绘图步骤，绘制平面图形
CAD知识	绘图命令	能利用圆、圆弧、椭圆、多边形等绘图工具进行绘图
	编辑命令	能利用移动、倒角、圆角、阵列、缩放、镜像等编辑命令精确绘图
	标注尺寸	会设置尺寸样式，能对平面图形进行线性尺寸、半径、直径、角度等标注

 知识链接

机械制图国家标准的基本内容

一、尺寸标注

1．基本规则

（1）物体的真实大小应以图样上所注的尺寸数值为依据，与图形的大小及绘图的准确程度无关。

（2）图样中的尺寸以毫米为单位时，不需注明计量单位的代号或名称，如采用其他单位，则必须注明相应的计量单位的代号或名称。

（3）物体的每一尺寸，在图样中一般只标注一次，并应标注在反映该结构最清晰的图形上。

（4）图样中所注尺寸是该物体最后完工时的尺寸，否则应另加说明。

2．标注尺寸的要素

标注尺寸应包括 4 要素：尺寸线（箭头）、尺寸界线和尺寸数字，如图 2-2 所示。

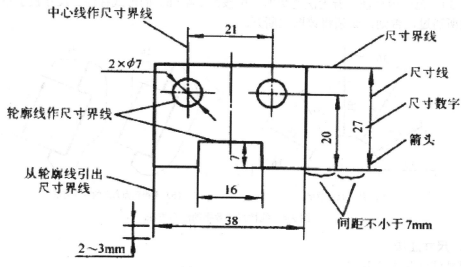

图 2-2　尺寸的组成

（1）尺寸界线。尺寸界线表示尺寸的度量范围，用细实线绘制，由图形的轮廓线、轴线或对称中心线处引出，也可直接利用轮廓线、轴线或对称中心线作尺寸界线。尺寸界线一般应与尺寸线垂直，并超出尺寸线 2～3 mm。

（2）尺寸线。尺寸线表示尺寸的度量方向，用细实线单独画出，不能用其他图线代替，也不得与其他图线重合或画在其他图线的延长线上。尺寸线与所标注的线段平行，其间隔及两平行的尺寸线间的间隔以 5～7 mm 为宜。

尺寸线的终端形式有箭头和斜线 2 种，同一张图样原则上只能采用同一种终端形式。箭头和斜线画法如图 2-3 所示。机械图样常采用箭头。箭头尖端与尺寸界线接触，不得超出也不得分开。当画箭头的地方不足时，可以用圆点表示。箭头可以是实心箭头，也可以是空心箭头、开口箭头及单边箭头，以适应简化标注的需要。

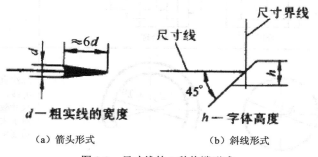

（a）箭头形式　　　　　　　（b）斜线形式

图 2-3　尺寸线的 2 种终端形式

（3）尺寸数字。尺寸数字表示物体尺寸的实际大小，在同一张图样上，尺寸数字的字高应保持一致。

线性尺寸数字一般应标注在尺寸线的上方或中断处。在同一张图样上注写方法应一致。线性尺寸数字的方向一般应按图2-4（a）所示的方向标注，水平方向的尺寸数字字头朝上，垂直方向的尺寸数字字头朝左，倾斜方向的尺寸数字字头趋于朝上，并尽可能避免在图示30°范围内标注。若无法避免时，可按图2-4（b）的形式标注。尺寸数字不可被任何图线所通过，否则，必须将该图线断开。

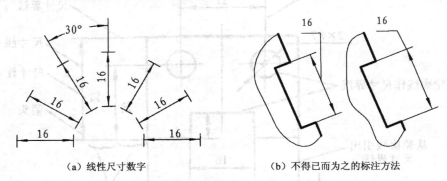

（a）线性尺寸数字　　　　　　　　（b）不得已而为之的标注方法

图2-4　线性尺寸数字的注写方法

3. 尺寸注法

尺寸注法见表2-1。

表2-1　　　　　　　　　　　　　常见尺寸注法

项目	图　例	说　明
直线尺寸	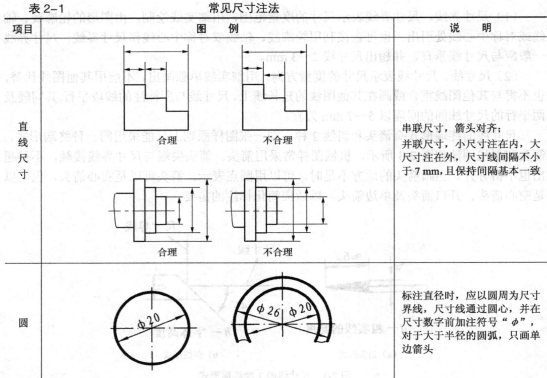 合理　　　不合理 合理　　　不合理	串联尺寸，箭头对齐；并联尺寸，小尺寸注在内，大尺寸注在外，尺寸线间隔不小于7 mm，且保持间隔基本一致
圆	$\phi 20$　　$\phi 26$ $\phi 20$	标注直径时，应以圆周为尺寸界线，尺寸线通过圆心，并在尺寸数字前加注符号"ϕ"，对于大于半径的圆弧，只画单边箭头

项目	图　例	说　明
圆弧	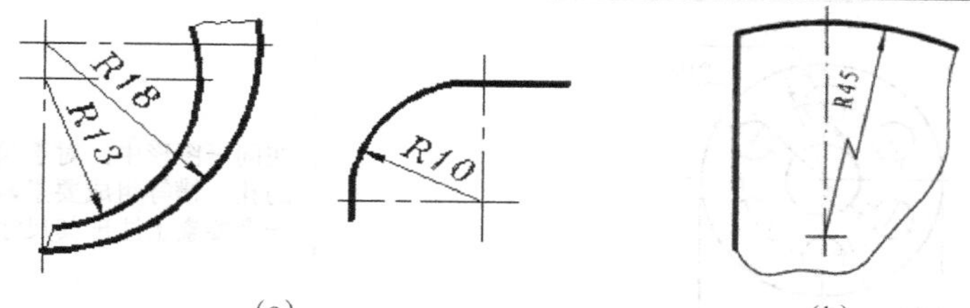 （a）　　　　　　　　（b）	标注弧长小于或等于半圆的圆弧半径时，尺寸线应从圆心出发引向圆弧，在尺寸数字前加注符号"R"；当圆弧的半径过大或在图纸范围内无法注出其圆心位置时，可按图（b）的形式标注
球面	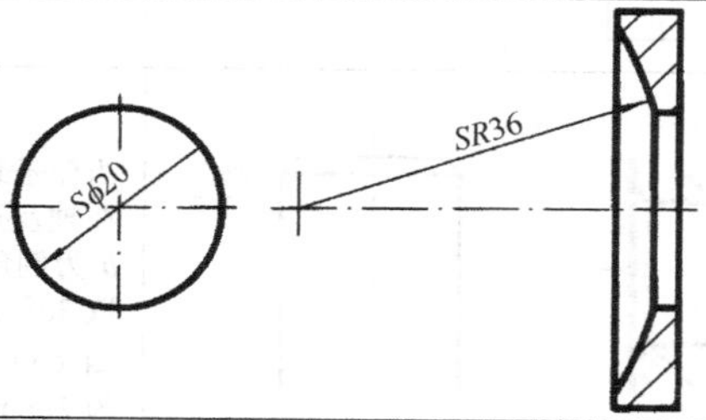	标注球面直径或半径时，应在符号"ϕ"或"R"前加注符号"S"
角度	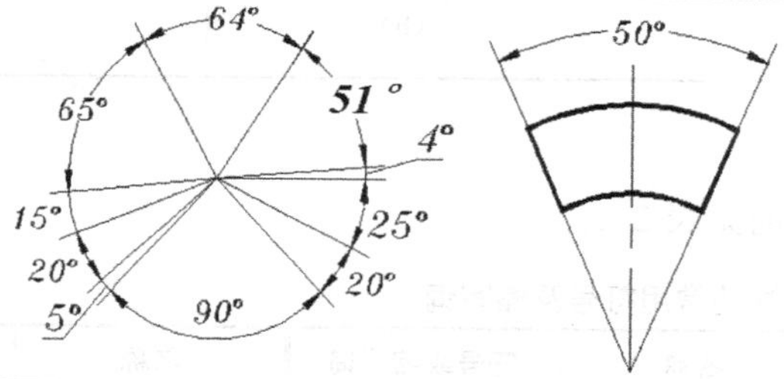	标注角度的尺寸界线应沿径向引出，尺寸线画成圆弧，圆心是角的顶点，尺寸数字应一律水平书写，一般注在尺寸线的中断处，必要时也可写在外面或引出标注
小尺寸	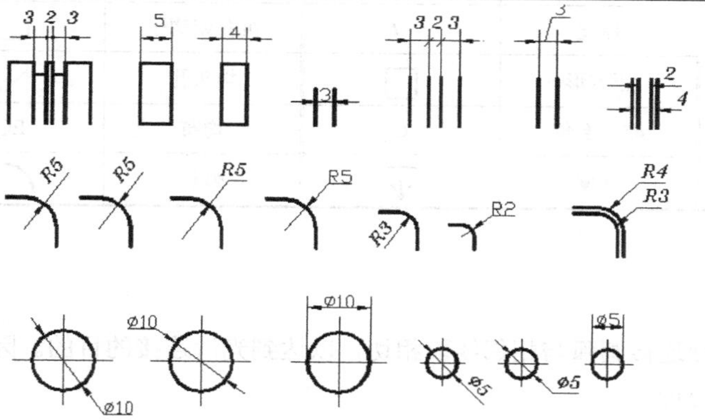	当遇到连续几个较小的尺寸时，允许用黑圆点或斜线代替箭头。对于图形上直径较小的圆或圆弧，在没有足够的位置画箭头或注写数字时，可按左图的形式标注。标注小圆弧半径的尺寸线，不论其是否画到圆心，其方向都必须通过圆心
对称机件	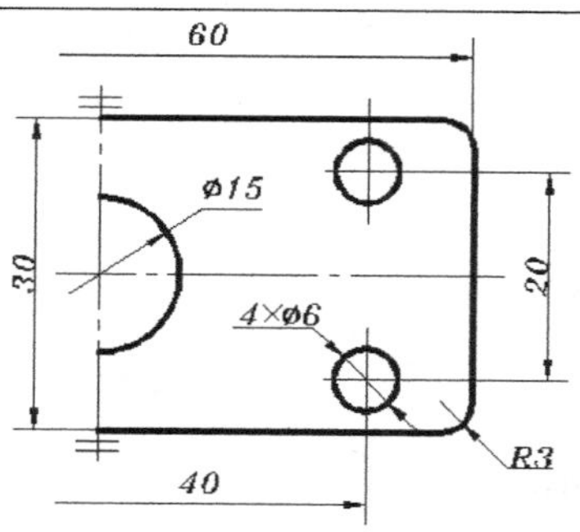	当对称机件的图形只画出一半或略大于一半时，尺寸线应略超过对称中心或断裂处的边界线，此时仅在尺寸线的一端画出箭头

续表

项目	图 例	说 明
相同的成组要素	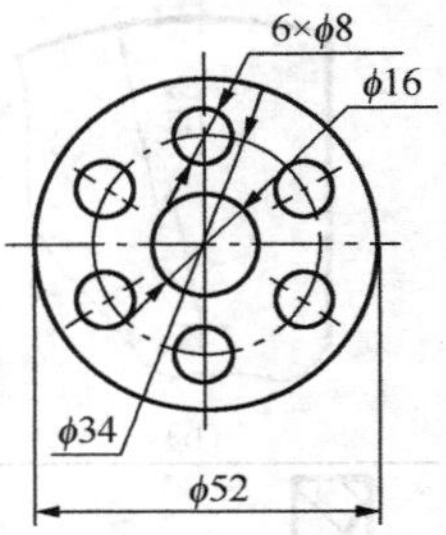 6×φ8 φ16 φ34 φ52	在同一图形中，对于尺寸相同的孔、槽等组成要素，可仅在一个要素上注出其尺寸和数量
倒角	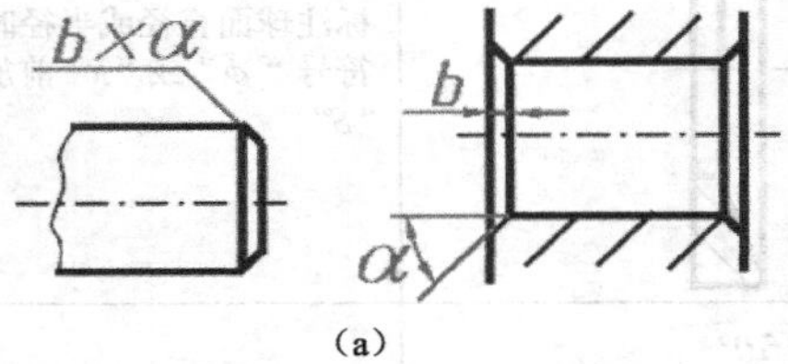 $b×\alpha$　　　b　　　$C2$ （a） 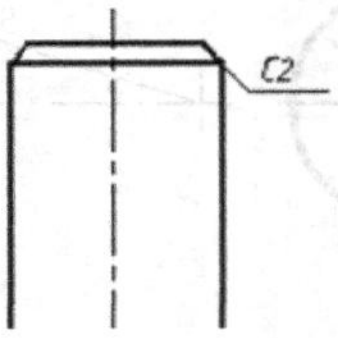　　　　　　　　（b）	为便于装配和操作安全，通常在轴及孔端部倒角。图（a）中 b 为倒角宽度，$\alpha=45°$，也可取 30° 或 60°。 图（b）中的 $C2$ 表示倒角宽度为 2 mm，角度为 45°

4．常见符号及缩写词

尺寸标注的常用符号及缩写词见表 2-2。

表2-2　　　　　　　　　　尺寸标注的常用符号及缩写词

名称	符号或缩写词	名称	符号或缩写词	名称	符号或缩写词
直径	ϕ	厚度	t	沉孔或锪平	⊔
半径	R	正方形	□	埋头孔	∨
球直径	$S\phi$	45°倒角	C	均布	EQS
球半径	SR	深度	↓	弧长	⌒

二、线段连接

圆弧连接的实质，就是要使连接圆弧与相邻线段相切，以达到光滑连接的目的。因此，圆弧连接的作图可归结为以下几方面。

（1）求连接圆弧的圆心。

（2）找出连接点即切点的位置。

（3）在两连接点之间画出连接圆弧。

1．圆弧连接的作图原理

圆弧连接的作图原理如表 2-3 所示。

2．连接圆弧的作图方法

（1）两直线圆角的画法

两直线连接圆弧的画法如图 2-5 所示。

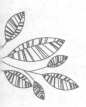

表 2- 3 　　　　　　　　　　　　　　　圆弧连接的作图原理

类别	圆弧与直线连接（相切）	圆弧与圆弧外连接（外切）	圆弧与圆弧内连接（内切）
图例	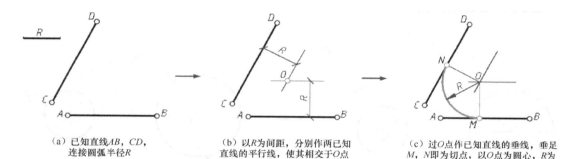		
连接弧圆心轨迹及切点位置	连接弧圆心的轨迹是平行于已知直线且相距为 R 的直线，过连接弧圆心向已知直线作垂线，垂足 K 即为切点	连接弧圆心的轨迹是已知圆弧的同心圆弧，其半径为 R_1+R，两圆心连接与已知圆弧的交点 K 即为切点	连接弧圆心的轨迹是已知圆弧的同心圆弧，其半径为 R_1-R，两圆心连线的延长线与已知圆弧的交点 K 即为切点

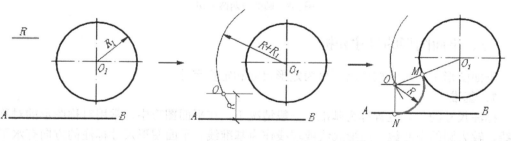

（a）已知直线 AB，CD，连接圆弧半径 R

（b）以 R 为间距，分别作两已知直线的平行线，使其相交于 O 点

（c）过 O 点作已知直线的垂线，垂足 M，N 即为切点，以 O 点为圆心，R 为半径，过 M，N 两点作弧，即为所示弧线

图 2-5　直线与直线连接

（2）圆弧与直线相切

圆弧与直线相切的画法如图 2-6 所示。

（a）已知直线 AB，半径为 R_1，圆心为 O_1 的圆及连接弧半径 R

（b）以 R 为间距作 AB 的平行线与以 O_1 为圆心，$R+R_1$ 为半径作的弧，使其相交于 O 点，O 点即为所求连接弧的圆心

（c）连接 O 点、O_1 点交圆 O_1 于 M 点，过 O 点作 ON 垂直于 AB，N 点为垂足，以 O 点为圆心，R 为半径过 M 点、N 点作弧即为所求弧线

图 2-6　圆弧与直线相切

（3）圆弧与两圆外切

圆弧与两圆外切的画法如图 2-7 所示。

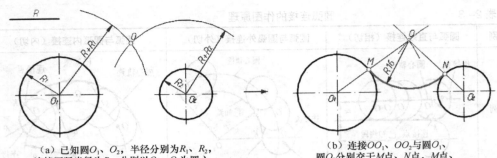

（a）已知圆 O_1、O_2，半径分别为 R_1、R_2，
连接圆弧半径为 R。分别以 O_1、O_2 为圆心，
$R+R_1$、$R+R_2$ 为半径作弧交于 O 点，O 点即为
连接弧的圆心

（b）连接 OO_1、OO_2 与圆 O_1、
圆 O_2 分别交于 M 点、N 点，M 点、
N 点即为连接弧的连接点。以 O 为圆心、
R 为半径，过 M、N 作弧即得所求弧线

图 2-7　圆弧与两圆外切

（4）圆弧与两圆内切

圆弧与两圆内切的画法如图 2-8 所示。

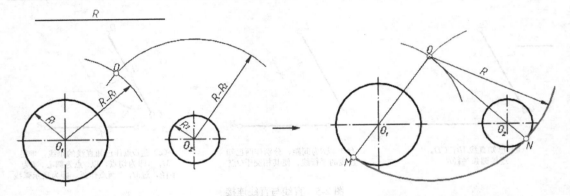

（a）已知圆 O_1、圆 O_2，半径分别为 R_1、R_2，
连接圆弧半径为 R。分别以 O_1、O_2 为圆心，
$R-R_1$、$R-R_2$ 为半径作弧交于 O 点，O 点即为
连接弧的圆心

（b）连接 OO_1、OO_2 并延长 OO_1、OO_2
与圆 O_1、圆 O_2 分别交于 M 点、N 点，M 点、
N 点即为连接弧的连接点。以 O 点为圆心、
R 为半径，过 M 点、N 点作弧即得所求弧线

图 2-8　圆弧与两圆内切

三、平面图形的尺寸分析

平面图形中的尺寸按作用可分为定形尺寸和定位尺寸。

1．基准

标注尺寸的起始位置称为基准。一般情况下，在平面图形中，常用对称图形的对称中心线、较大圆的中心线、图形底线或端线作为基准线。平面图形尺寸标注的方向有水平和垂直 2 个方向，每一个方向均须确定尺寸基准。通常以对称线、较长的直线或圆的中心线作为尺寸基准，如图 2-9 所示。

2．定形尺寸

确定平面图形上各组成部分的形状大小的尺寸称为定形尺寸。如圆的直径或圆弧的半径、线段的长度以及角度的大小等。图 2-9 中的 $R12$、$R50$、$R10$、$R15$、$\phi20$、$\phi30$、$\phi5$ 都为定形尺寸。

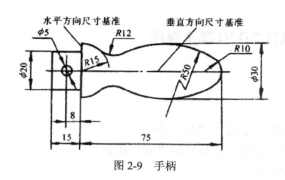

图2-9 手柄

3.定位尺寸

确定平面图形上各组成部分之间相对位置的尺寸称为定位尺寸。一般情况下，平面图形中每一部分都有 2 个方向的定位尺寸。定位尺寸从基准注出，如图 2-9 中的 8、75、$\phi30$。

四、平面图形的线段分析

根据平面图形所给出的尺寸，组成平面图形的线段（直线或圆弧）可以分为 3 类。

（1）已知线段。凡是定形尺寸和定位尺寸都给出的线段均称为已知线段。画图时应先画出这些已知线段，如图 2-9 中的 R15、R10。

（2）中间线段。只有定形尺寸和一个方向定位尺寸的线段称为中间线段。画图时应根据与其相邻的一个线段的连接关系画出，如图 2-9 中的 R50。

（3）连接线段。只有定形尺寸的线段称为连接线段。一般要根据与其相邻的两线段的连接关系，用几何作图的方法将它们画出，如图 2-9 中的 R12。

手柄平面图形的作图步骤如图 2-10 所示。

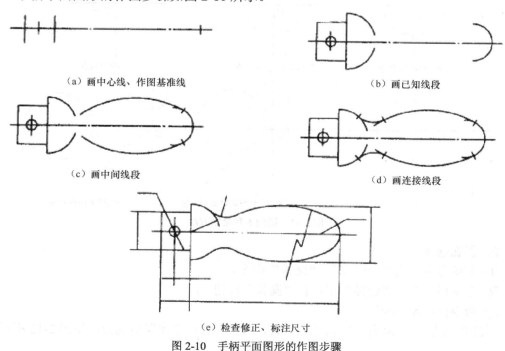

图2-10 手柄平面图形的作图步骤

AutoCAD 2010 基本操作

一、绘图命令

1. 圆的画法

① 菜单命令：选择"绘图"|"圆"命令。

② 工具栏：单击"绘图"工具栏的"圆"按钮 ⊙。

③ 命令行：C（circle）。

执行命令后，命令行提示：

指定圆的圆心或 [三点(3P)/两点(2P)/相切、相切、半径(T)]:

（1）圆心、半径（R）：可通过指定圆的圆心和半径绘制圆。

（2）圆心、直径（D）：可通过指定圆的圆心和直径绘制圆。

（3）两点（2P）：可通过指定 2 个点，并以 2 个点之间的距离为直径来绘制圆。

（4）三点（3P）：可通过指定的 3 个点来绘制圆。

（5）相切、相切、半径（T 或 TTR）：可以指定圆的半径，绘制一个与 2 个对象相切的圆。在绘制时，需要先指定与圆相切的 2 个对象，然后指定圆的半径。

（6）相切、相切、相切（A）：可通过依次指定与圆相切的 3 个对象来绘制圆，如图 2-11 所示。

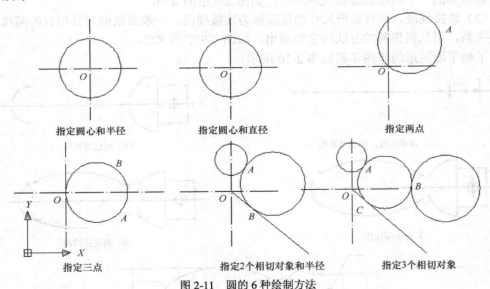

指定圆心和半径 　　指定圆心和直径 　　指定两点

指定三点 　　指定2个相切对象和半径 　　指定3个相切对象

图 2-11　圆的 6 种绘制方法

2. 圆弧画法

① 菜单命令：选择"绘图"|"圆弧"命令。

② 工具栏：单击"绘图"工具栏"圆弧"按钮 ⌒。

③ 命令行：A（arc）。

画圆弧的方式有 10 种，默认为三点式，其他方式可单击菜单选择，如图 2-12 所示。

3．椭圆

① 菜单命令：选择"绘图"｜"椭圆"命令。

② 工具栏：单击"绘图"工具栏"椭圆"按钮 ○。

③ 命令行：EL（ellipse）。

执行命令后，命令行提示：

指定椭圆的轴端点或 [圆弧(A)/中心点(C)]:

（1）圆弧（A）：画圆弧。首先画一个完整的椭圆，随后 AutoCAD 提示用户选择要删除的部分，留下所需的椭圆弧。

（2）中心点（C）：指定一个椭圆中心点及长轴、短轴来绘制椭圆。

图 2-12　画圆弧菜单

4．多边形

① 菜单命令：选择"绘图"｜"正多边形"命令。

② 工具栏：单击"绘图"工具栏"正多边形"按钮 ○。

③ 命令行：POL（polygon）。

AutoCAD 提供了 3 种画正多边形的方式：边长方式（E）、内接于圆方式（I）、外切于圆方式（C），如图 2-13 所示。

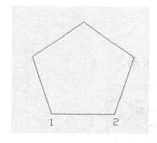

（a）用边长方式画正多边形

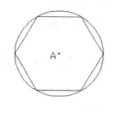

（b）用内接于圆方式画正多边形

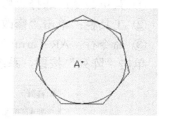

（c）用外切于圆方式画正多边形

图 2-13　绘制正多边形

二、编辑命令

1．移动

① 菜单命令：选择"修改"｜"移动"命令。

② 工具栏：单击"修改"工具栏"移动"按钮 ✛。

③ 命令行：M（move）。

输入命令后，选择要移动的对象，然后指定基点，再指定第 2 点。基点可以指定在绘图区域任意位置。所选对象相当于从基点的位置移到第 2 点的位置。

2．倒角

① 菜单命令：选择"修改"｜"倒角"命令。

② 工具栏：单击"修改"工具栏"倒角"按钮。

③ 命令行：CHA（chamfer）。

倒角命令是一个比较特殊的命令。单击"倒角"按钮，系统提示：

当前倒角距离 1 = 10.0000，距离2 = 10.0000

选择第一条直线或 [多段线（P）/距离（D）/角度（A）/修剪（T）/方法（M）]

一般先设定倒角的距离。输入选项符"D"，根据图形要求输入倒角距离。例如，*C2* 的两个倒角距离均为2。设定倒角距离后，依次选择第一条直线和第二条直线进行倒角。

3．圆角

① 菜单命令：选择"修改"|"圆角"命令。

② 工具栏：单击"修改"工具栏"圆角"按钮 。

③ 命令行：F（fillet）。

输入命令后，系统提示：

当前设置: 模式 = 修剪，半径 = 10.0000

选择第一个对象或 [多段线（P）/半径（R）/修剪（T）/多个（M）]:

（1）半径（R）：输入"R"后回车，输入半径数值，再回车，再依次选择2个对象。

（2）修剪（T）：输入"T"后回车，再输入"T"（修剪）或"N"（不修前剪），回车。

（3）多个（M）：可反复对多个角进行倒圆。

（4）多段线（P）：对多线段的各个角同时倒圆。

4．阵列

① 菜单命令：选择"修改"|"阵列"命令。

② 工具栏：单击"修改"工具栏"阵列"按钮 。

③ 命令行：AR（array）。

单击"阵列"按钮，系统弹出"阵列"对话框，如图2-14所示。

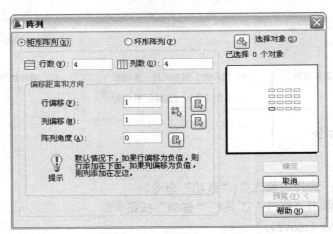

图2-14 "阵列"对话框

AutoCAD 提供了矩形阵列和环形阵列2种方式。"矩形阵列"选项卡的其他命令按钮 的意义与"环形阵列"选项卡中的相同，阵列的效果如图2-15所示。

5．缩放

① 菜单命令：选择"修改"|"缩放"命令。

② 工具栏：单击"修改"工具栏"缩放"按钮 。

③ 命令行：SC（scale）。

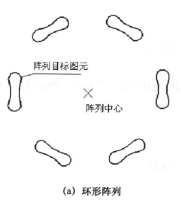

(a) 环形阵列

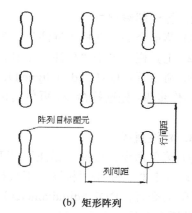

(b) 矩形阵列

图 2-15 阵列效果

执行缩放命令后，选取要缩放的对象，并指定缩放基准点，再输入要缩放的比例。

6. 镜像

① 菜单命令：选择"修改"|"镜像"命令。

② 工具栏：单击"修改"工具栏"镜像"按钮 ⚫。

③ 命令行：MI（mirror）。

启动镜像命令后，选取要镜像的对象，根据提示选择第 1 点和第 2 点。再在"删除源对象吗？[是(Y)/否(N)] <N>:"的提示下操作。

三、常用标注与修改

1. 标注水平和垂直尺寸

① 菜单命令：选择"标注"|"线性"命令。

② 工具栏：单击"标注"工具栏"线性标注"按钮 ⚫。

③ 命令行：DLI（dimlinear）。

发出命令后，分别指定 2 条尺寸界限的起点位置，如图 2-16 所示。这时系统提示：

指定尺寸线位置或[多行文字(M)/文字(T)/角度(A)/水平(H)/垂直(V)/旋转(R)]:

"多行文字"选项用于根据文字编辑器输入尺寸文字。"文字"选项用于输入尺寸文字。"角度"选项用于确定尺寸文字的旋转角度。"水平"选项用于标注水平尺寸，即沿水平方向的尺寸。"垂直"选项用于标注垂直尺寸，即沿垂直方向的尺寸。"旋转"选项用于旋转标注，即标注沿指定方向的尺寸。

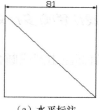

（a）水平标注

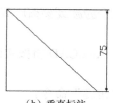

（b）垂直标注

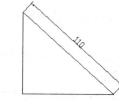

（c）对齐标注

图 2-16

2．标注斜线尺寸

① 菜单命令：选择"标注"|"对齐"命令。

② 工具栏：单击"标注"工具栏"对齐标注"按钮。

③ 命令行：DAL（dimaligned）。

操作步骤：先选择命令，再单击标注的两点，拉出到适当位置单击。标注结果如图 2-16 所示。

3．标注直径

① 菜单命令：选择"标注"|"直径"命令。

② 工具栏：单击"标注"工具栏"直径标注"按钮。

③ 命令行：DDI（dimdiameter）。

激活命令后，命令行提示：

选择圆或圆弧：（选择要标注直径的圆或圆弧）指定尺寸线位置或[多行文字(M)/文字(T)/角度(A)]：

若此时直接确定尺寸线的位置，AutoCAD 会按实际测量值标注出圆或圆弧的直径，如图 2-17（a）所示。也可以通过线性标注中的"多行文字（M）"、"文字（T）"以及"角度（A）"选项，确定尺寸文字和尺寸文字的旋转角度（只有给输入的尺寸文字加前缀"%%C"，才能使标出的直径尺寸显示直径符号）。图 2-17（b）为用长度尺寸标注形式标注出的带有直径符号的图形。

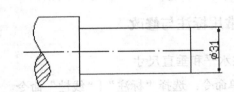

（a）用实际测量值标出直径　　　　　　（b）用长度尺寸标注出
　　　　　　　　　　　　　　　　带有直径符号图形

图 2-17

4．标注半径

① 菜单命令：选择"标注"|"半径"命令。

② 工具栏：单击"标注"工具栏"半径标注"按钮。

③ 命令行：DRA（dimradius）。

该命令可以标注出圆或圆弧的半径尺寸。

激活该命令后，命令行提示：

选择圆或圆弧：(选择要标注直径的圆或圆弧) 指定尺寸线位置或[多行文字(M)/文字(T)/角度(A)]：

若此时直接确定尺寸线的位置，AutoCAD 将按实际测量值标注出圆或圆弧的半径。

5．标注角度

① 菜单命令：选择"标注"|"角度"命令。

② 工具栏：单击"标注"工具栏"角度标注"按钮。

③ 命令行：DAN（dimangular）。

激活角度标注命令后，分别选择角的 2 条边线，再确定尺寸弧的位置。

任务实施

一、图形分析

1. 尺寸分析

（1）定形尺寸。图 2-1 中的 $\Phi23$、$\Phi30$、38、$R35$、$R40$、$R60$、$\Phi40$、$R48$、$R23$ 等为定形尺寸。

（2）定位尺寸。图 2-1 中的 38、90、15 和 9 都是定位尺寸。

2. 线段分析

（1）已知线段。是指定形、定位尺寸均齐全的线段，如图 2-1 中的上半部分的直线及 $R48$、$\Phi40$，应最先画出。

（2）中间线段。是指有定形尺寸和一个定位尺寸，而缺少另一个定位尺寸的线段。如图 2-1 中的 $R40$（下）、$R23$。这类线段要在其相邻一端的线段画出后，再根据连接关系，通过几何作图的方法画出。

（3）连接线段。是指只有定形尺寸而缺少定位尺寸的线段。如图 2-1 中的 $R40$（上）、$R60$、$R3.5$ 及 $R4$，应最后画出。

二、绘制图形

1. 画基准线

根据已知尺寸画出起重钩的中心线和定位线，如图 2-18 所示。

2. 画已知线段

根据已知线段尺寸画出已知线段，如图 2-19 所示。

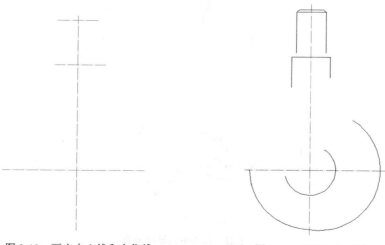

图 2-18　画出中心线和定位线　　　　图 2-19　画出已知线段

3．作中间线段

（1）作 R23 的圆弧，如图 2-20 所示。

（2）作 R40 的圆弧，如图 2-21 所示。

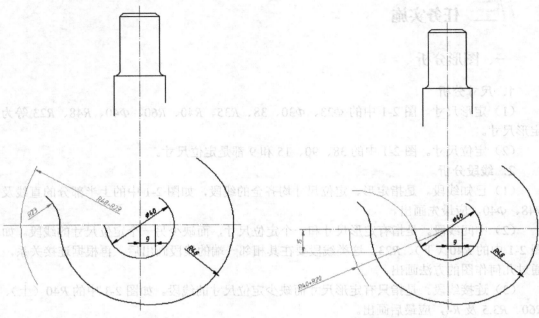

图 2-20　画出 R23 的圆弧　　　　　　　图 2-21　画出 R40 的圆弧

4．线段连接

（1）作 R40 的连接圆弧，如图 2-22 所示。

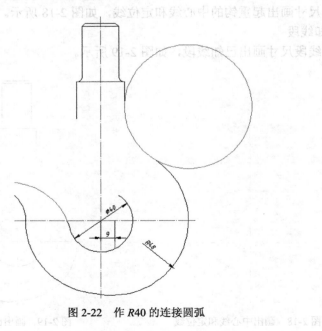

图 2-22　作 R40 的连接圆弧

命令：CIRCLE ∠。

指定圆的圆心或 [三点(3P)/两点(2P)/相切、相切、半径(T)]：T∠。

在对象上指定一点作圆的第 1 条切线：选取圆上的点。

在对象上指定一点作圆的第 2 条切线：选取直线的点。

指定圆的半径 <8>: 40 ∠。

（2）作 *R*60 的连接圆弧，如图 2-23 所示。

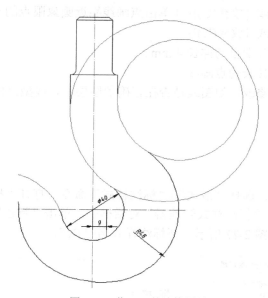

图 2-23　作 *R*60 的连接圆弧

（3）作 *R*4 的连接圆弧，如图 2-24 所示。

（4）对多余的尺寸进行修剪，如图 2-25 所示。

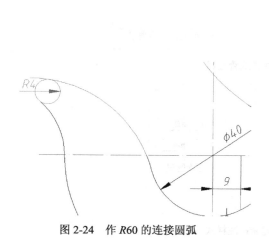

图 2-24　作 *R*60 的连接圆弧

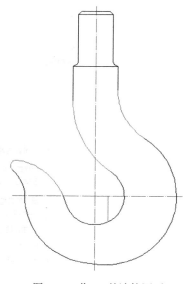

图 2-25　作 *R*4 的连接圆弧

三、延长中心线

通过"拉长"命令使中心线延长至圆象限点外 4 mm 处。

命令：LENGTHEN ✓。

选择对象或 [增量(DE)/百分数(P)/全部(T)/动态(DY)]: DE✓。<8>：✓。

输入长度增量或 [角度(A)] <0>：4✓。

选择要修改的对象或 [放弃(U)]：（单击点画线靠近圆象限点的一端）。

选择要修改的对象或 [放弃(U)]：

于是该点画线两端分别自动伸长 4 mm。

用同样方法可作出其余的点画线。

最后作适当检查及修改，如图线是否在正确的图层上，线型比例是否正确，是否有多余的线段等。

四、标注尺寸

1．设置标注样式

（1）新建标注样式。选择"格式" |"标注样式"命令，打开"标注样式管理器"对话框，如图 2-26 所示。在"标注样式管理器"对话框中，单击"新建"按钮，打开"创建新标注样式"对话框，如图 2-27 所示，新标注样式名"JX"。

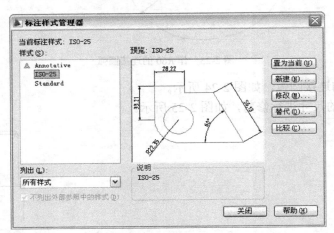

图 2-26　标注样式管理器

图 2-27　创建新标注样式

（2）设置直线和箭头。设置了新样式的名字、基础样式和适用范围后，单击对话框中的"继续"按钮，将打开"新建标注样式"对话框，如图 2-28、图 2-29 所示。

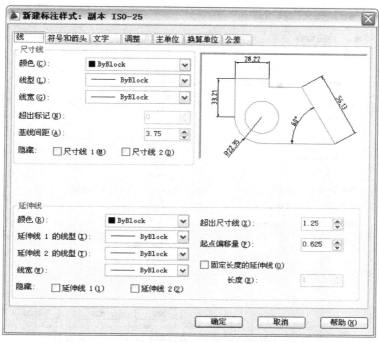

图 2-28 "新建标注样式"对话框中的"线"选项卡

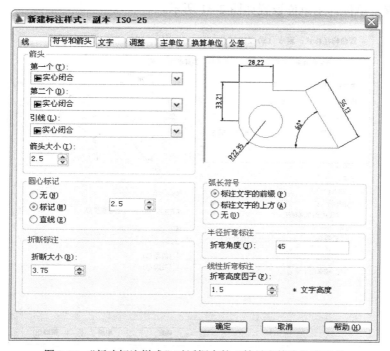

图 2-29 "新建标注样式"对话框中的"符号和箭头"选项卡

（3）设置文字格式。在"新建标注样式"对话框中，选择"文字"选项卡，可以设置标注文字的外观、位置和对齐方式，如图 2-30 所示。

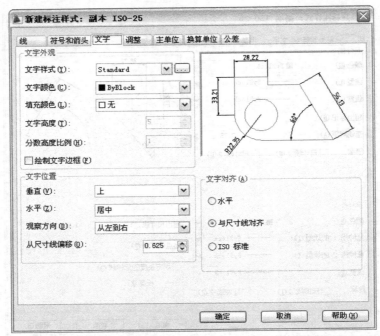

图 2-30 "新建标注样式"对话框中的"文字"选项卡

（4）设置主单位。主单位设置如图 2-31 所示。

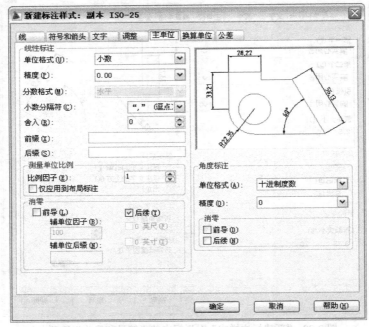

图 2-31 "新建标注样式"对话框中的"主单位"选项卡

（5）设置半径标注。半径标注设置，如图 2-32、图 2-33 所示。

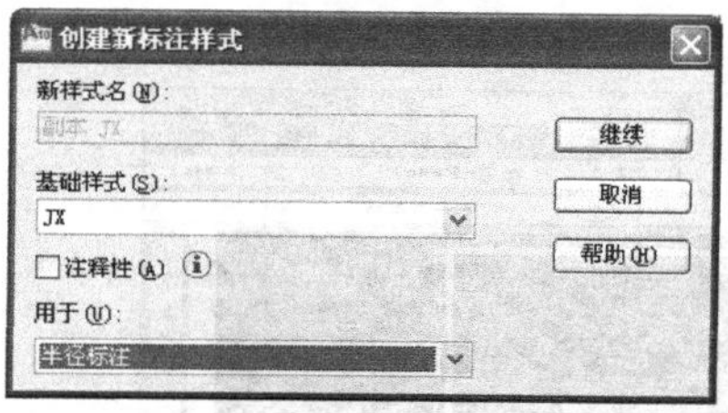

图 2-32　选择"半径标注"

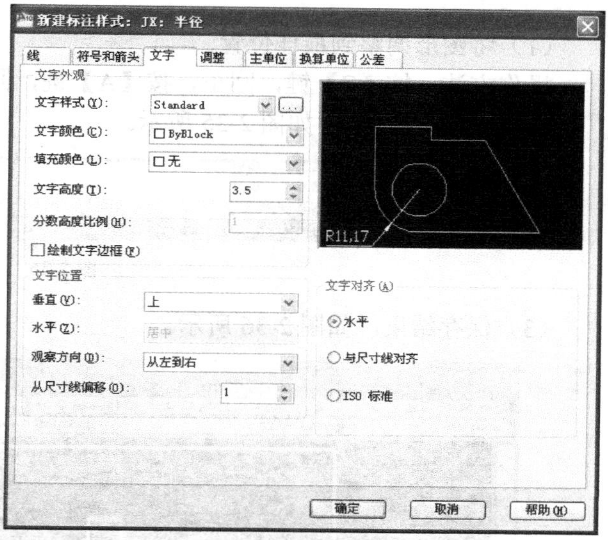

图 2-33　设置半径标注

2．标注尺寸

按图 2-34 所示内容进行标注。

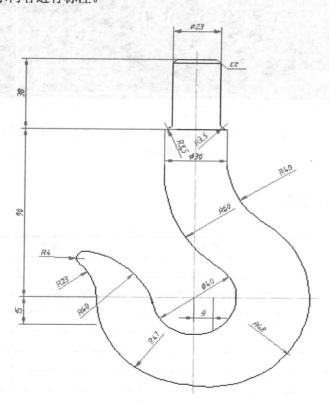

图 2-34　标注尺寸

五、存盘

（1）将图形调整到最佳位置。

操作方法：按【Z】键，回车，按【A】键，回车。

（2）打开"线宽"，如图 2-35 所示。

```
命令：<线宽>
命令：<线宽>
命令：                                    显示/隐藏线宽
383.7198,  76.1079 ,  0.0000
```

图 2-35

（3）保存结果，如图 2-36 所示。

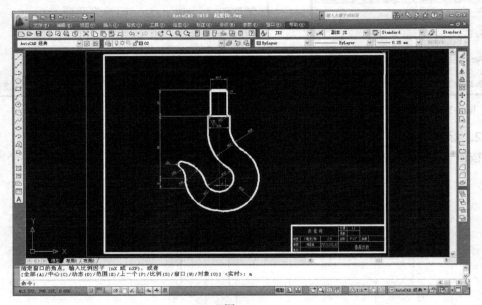

图 2-36

 任务评价

班级			姓名		学号	
项目名称						
评价内容	分值	自我评价（30%）		小组评价（30%）		教师评价（40%） 评价内容
图幅选择合理	5					
绘图步骤正确	10					
绘图方法正确	20					
布局合理	5					
图线类型正确	5					

续表

评价内容	分值	自我评价（30%）	小组评价（30%）	教师评价（40%）评价内容
中心线伸出轮廓线 4mm	5			
尺寸样式设置正确	10			
尺寸标注正确合理	15			
保存最佳状态	5			
与组员的合作交流	10			
课堂的组织纪律性	10			
总　分	100			
总　评				

任务拓展

一、调用 A4 样板文件画图，按 1∶1 比例绘制，如图 2-37 所示。

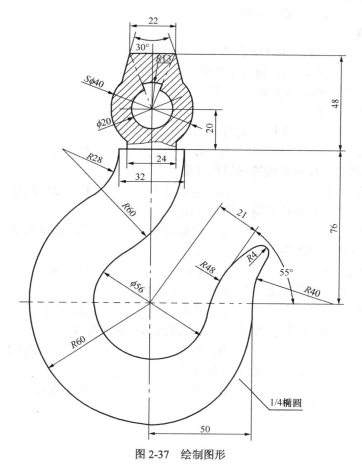

图 2-37　绘制图形

二、完成下列练习题。

（一）填空题。

1. 在标注圆的尺寸时，尺寸数字前应加写符号_____，在标注小于或等于半圆的圆弧的尺寸时，尺寸数字前应加写符号_____，标注球面的直径时，尺寸数字的前面应加写符号_____。

2. 图样中的尺寸由_____、_____和_____组成。

3. 圆弧连接的步骤是先_____，再_____，最后_____。

4. 尺寸线的终端有_____和_____2种形式。

5. 平面图形的尺寸按其作用分为_____和_____2种。

（二）判断题。

1. 画平面图形时，应先画已知线段或已知圆弧，再画连接圆弧，最后画中间圆弧。（ ）

2. 对称中心线应超出圆周之外10 mm。（ ）

3. 尺寸基准可以是对称中心线，也可以是其他线段。（ ）

4. 机件的真实大小由图样上所注的尺寸数值确定。（ ）

5. 画圆的中心线，圆心应是线段的交点。（ ）

（三）选择题。

1. 标注直线尺寸时，并列尺寸应（ ）标注。

    A. 大尺寸在外，从小到大往外标

    B. 小尺寸在外，从大到小往外标

    C. 以上都不对

2. 图样上标注的尺寸单位一般为（ ）。

    A. mm   B. m   C. cm

3. 平面图形中，反映形状特征的尺寸是（ ）。

    A. 定位尺寸   B. 定形尺寸   C. 总体尺寸。

4. 平面图形中，反映位置特征的尺寸是（ ）。

    A. 定位尺寸   B. 定形尺寸   C. 总体尺寸

5. 尺寸标注中，球的符号是（ ）。

    A. $S\phi$ 或 SR B. $S\phi$ C. SR

6. 尺寸标注中，角度的数字写成（ ）方向。

    A. 水平   B. 垂直   C. 倾斜

7. 圆弧 R_1 与圆弧 R_2 外切连接时，连接圆弧的半径应为（ ）。

    A. R_1-R_2 B. R_2-R_1 C. R_1+R_2

8. 标注垂直尺寸时，尺寸数字字头应（ ）。

    A. 朝左   B. 朝右   C. 朝上

任务三

绘制圆锥销零件图

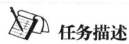 **任务描述**

根据销的轴测图，用 AutoCAD 软件绘制圆锥销，要求如下。

1. 按 1：1 的比例绘制销的三维图形（见图 3-1），创建主视图、俯视图、左视图和西南侧视图 4 个视口，以"圆锥销三维.dwg"命名，保存到指定文件夹中。

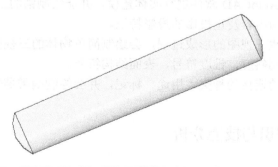

图 3-1　圆锥销

2. 按 5：1 的比例绘制销的零件图（见图 3-2），要求符合国家标准规定，图形表达正确，布局合理、美观。

（1）根据样图选择合适的图幅及摆放方式，图框要求有装订边。

（2）按国家标准要求正确、完整地标注零件的尺寸、表面结构代号，填写技术要求。

（3）绘制完的图样以"圆锥销.dwg"命名，保存到指定文件夹中。

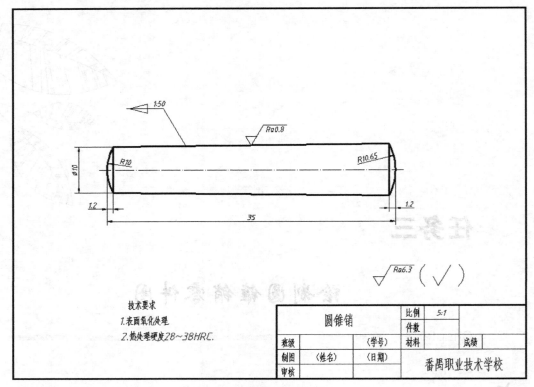

图 3-2　圆锥销零件图

 学习目标

完成本项目后，应具备如下职业能力。

1. 能熟练运用 AutoCAD 软件进行实体建模，并能绘制销的三维图。
2. 掌握零件图的内容及正投影的投影特征。
3. 能用语言描述三视图的形成过程，会绘制简单物体的三视图。
4. 能识别和绘制斜度、锥度符号、表面结构符号。
5. 能说出销及销连接的种类、用途、标记，并会绘制销类零件的零件图。

 任务知识与技能分析

	知识与技能点	评价目标
制 图 知 识	零件图的内容	能说出 4 项内容：图形、尺寸、技术要求、标题栏
	正投影法	能说出正投影的投影特性
	三视图	描述出三视图的形成过程，并能说出三视图的名称、投影关系和方位关系
	回转体	能正确画出不同方位的圆柱、圆锥及圆球的三视图，会识读和标注回转体尺寸
	相贯线	能说出相贯线的概念和性质，会识读和标注相贯体尺寸

续表

知识与技能点		评价目标
制图知识	斜度和锥度	能在图样中识别斜度与锥度符号，能正确绘制斜度与锥度
	销及销联接	能说出销的种类，作用；根据销的标记，查表找出各部分尺寸并绘制销的图样
	表面结构	能说出表面结构的基本概念，在图样中指出表面结构的基本符号和去材料方法获得表面结构符号
CAD知识	三维实体建模	会创建三维实体模型常用工具栏
		能运用建模、视图、视口、视觉样式等工具栏创建三维实体
	标注锥度符号	能按国家标准标注锥度
	用块方式标注表面结构	能在图形中定义表面结构块属性，创建块、插入块

知识链接

机械制图国家标准的基本内容

一、零件图的作用和内容

　　机器和部件都是由若干零件按一定的关系装配而成的。表示零件结构、大小及技术要求的图样称为零件图。零件图是设计部门提供给生产部门的重要技术文件，反映了设计者的设计意图，表达零件的结构形状、尺寸大小和技术要求，是制造和检验零件的依据，如图 3-3 所示。由此可看出，一张零件图应具备以下 4 方面的内容。

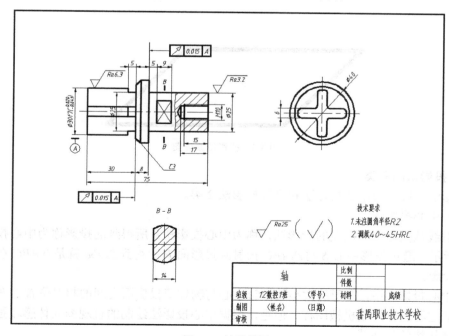

图 3-3　轴零件图

（1）一组视图。包括视图、剖视图、断面图等，把零件各部分形状表达清楚、确切。用视图、剖视、断面及其他规定画法，正确、完整、清晰地表达出零件的结构形状。

（2）完整的尺寸。零件图上还要完整、清晰、合理地标出零件制造、检验所需要的全部尺寸。

（3）技术要求。用代号、符号、数字或文字注明零件在制造和检验时应达到的技术要求，如表面结构要求、尺寸公差、形位公差、处理、表面处理以及其他要求。

（4）标题栏。标题栏用来注明零件名称、数量、材料、图样比例、绘图人员的署名和单位等内容的。

二、投影基本知识

1．投影法

在日常生活中人们注意到，物体在阳光或灯光等光线的照射下，就会在墙面或地面上投下影子。投影法就是将这一现象进行科学的抽象。其中，光源称为投射中心，光线称为投射线，墙面或地面称为投影面，影子称为物体的投影。这种研究空间物体与其投影之间关系的方法，称为投影法，如图 3-4 所示。

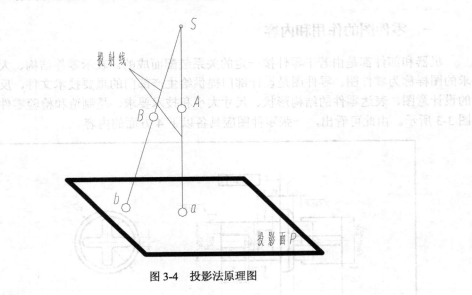

图 3-4　投影法原理图

2．投影法的分类

投影法一般分为中心投影法和平行投影法 2 类。

（1）中心投影法。

投射线从投影中心出发的投影法，称为中心投影法，所得到的投影称为中心投影，如图 3-5 所示，通过投影中心 S 将△ABC 投射到投影面 P 上得到△abc 就是△ABC 在投影面 P 上的投影。

在中心投影法中，图形的大小随投影中心与物体或投影面之间的相对位置的变化而变化，因此它不适合绘制机械图样。但是，根据中心投影法绘制的直观图立体感较强，适用于绘制建筑物的外观图。

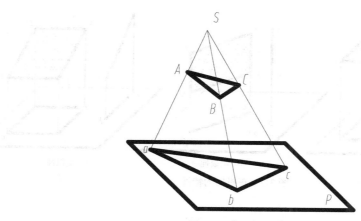

图3-5　中心投影法

（2）平行投影法。

将投射中心 S 移到无穷远，使所有的投射线都相互平行，这种投影法称为平行投影法。按投射线与投影面是否垂直，平行投影法又可分为正投影法和斜投影法。

① 斜投影法：投射线倾斜于投影面时称为斜投影法，所得到的投影称为斜投影，如图3-6（a）所示。

② 正投影法：投射线垂直于投影面时称为正投影法，所得到的投影称为正投影，如图3-6（b）所示。

由于正投影能准确地反映物体的形状和大小，便于测量，且作图简便，所以机械图样通常采用正投影法绘制。今后若不特别说明，投影均指正投影。

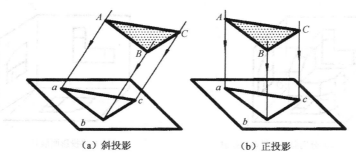

（a）斜投影　　　　　　（b）正投影

图3-6　平行投影法

3. 正投影的基本性质

正投影的基本性质也称直线、平面的投影特性。

（1）真实性。当直线（或平面）平行于投影面时，其投影反映实长（或实形），这种投影特性称为真实性，如图3-7（a）所示。

（2）积聚性。当直线（或平面）垂直于投影面时，其投影积聚成点（或直线），这种投影特性称为积聚性，如图3-7（b）所示。

（3）类似性。当直线或平面既不平行也不垂直于投影面时，直线的投影仍然是直线，但长度缩短，平面的投影是原图形的类似形（与原图形边数相同，平行线段的投影仍然平行），但投影面积变小，这种投影特性称为类似性，如图3-7（c）所示。

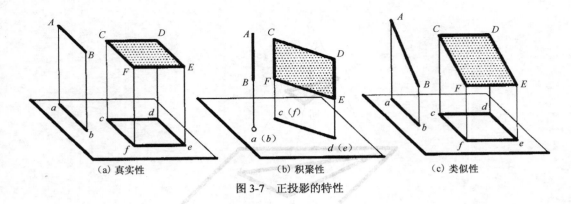

(a) 真实性　　　　　　　　　　(b) 积聚性　　　　　　　　　(c) 类似性

图 3-7　正投影的特性

三、三视图

一般机械工程图样大都是采用正投影法绘制的正投影图。用正投影法所绘制的图形称为视图。

1. 三视图的形成

将物体放在三投影面体系（正面、水平面和侧面分别用字母 V、H 和 W 表示）内，并使物体上的主要平面与相应投影面平行。然后分别向 3 个投影面投影，再将这些投影面中的 V 面保持不动，H 面绕 OX 轴向下旋转 90º，W 面绕 OZ 轴向右旋转 90º，与 V 面处于同一平面上，这样便得到了物体的三视图。V 面上的视图称为主视图，H 面上的视图称为俯视图，W 面上的视图称为左视图。画图时，投影面的边框及投影轴不必画出，如图 3-8 所示。

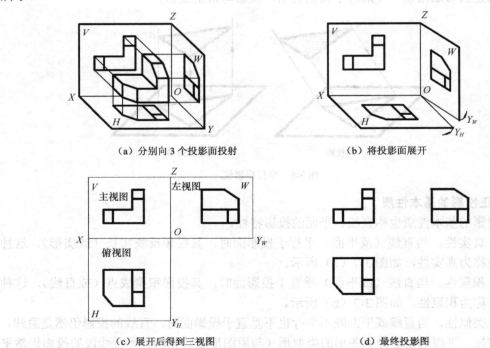

（a）分别向 3 个投影面投射　　　　　　（b）将投影面展开

（c）展开后得到三视图　　　　　　　（d）最终投影图

图 3-8　三视图的形成

2．三视图的关系及投影规律

（1）三视图的位置关系。俯视图在主视图的正下面，左视图在主视图的正右边。

（2）三视图的尺寸关系。任何一个物体都有长、宽、高3个方向的尺寸，如图3-9所示。在物体的三视图中，可以看出：主视图反映物体的长度和高度，俯视图反映物体的长度和宽度，左视图反映物体的高度和宽度。

由于3个视图反映的是同一个物体，其长、宽、高是一致的，所以每2个视图之间必有一个相同的度量，即主、俯视图反映了物体同样的长度（等长），主、左视图反映了物体同样的高度（等高），俯、左视图反映了物体同样的宽度（等宽）。因此，三视图之间的投影对应关系可以归纳为：主、俯视图长对正，主、左视图高平齐，俯、左视图宽相等。

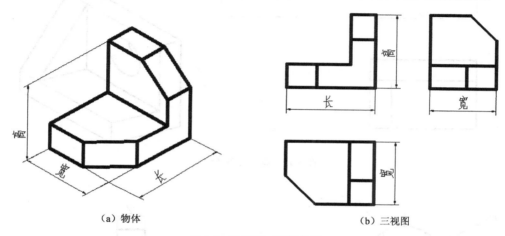

（a）物体　　　　　　　　　　　（b）三视图

图3-9　物体和三视图关系

（3）三视图的方位关系。

所谓方位关系，是指以观察者的正面（即主视图的投射方向）来观察物体为准，看物体的上、下、左、右、前、后6个方位，如图3-10（a）所示。

主视图反映了物体的上、下和左、右方位，俯视图反映了物体的左、右和前、后方位，左视图反映了物体的上、下和前、后方位，如图3-10（b）所示。

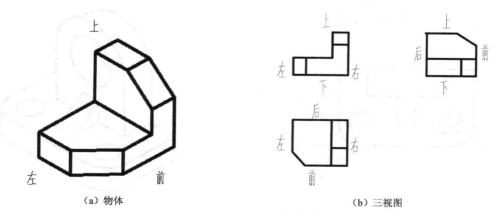

（a）物体　　　　　　　　　　　（b）三视图

图3-10　三视图的方位关系

在俯视图和左视图中，远离主视图的一面是物体的前面，即"远离主视为前"。

3．三视图画法举例

根据轴测图或模型画三视图，如图 3-11、图 3-12、图 3-13 所示。

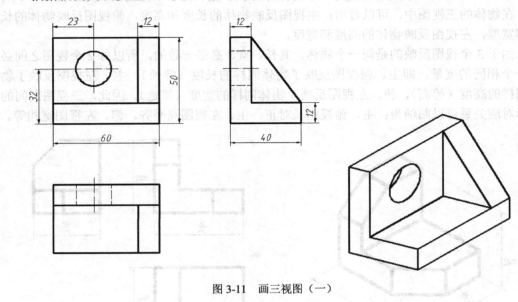

图 3-11　画三视图（一）

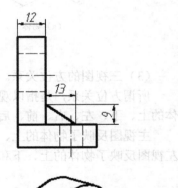

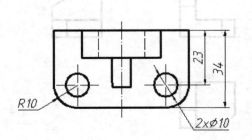

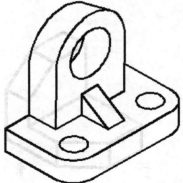

图 3-12　画三视图（二）

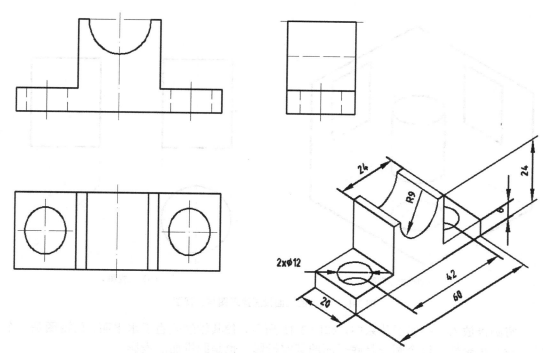

图 3-13　画三视图（三）

四、回转体

工程中常见的曲面立体是回转体，如圆柱、圆锥、圆球、圆环等。它们都是由一条母线（直线或曲线）绕一轴线回转一周而形成的。形成的立体的表面称为回转面。该定直线，称为回转轴。回转面上任意位置的母线称为素线。母线上任意点的旋转轨迹是一个圆，称为纬圆。

1. 圆柱及其三视图

圆柱由顶面、底面和圆柱面围成。圆柱面是由一直线绕与之平行的轴线回转而成。圆柱面上任意平行于轴线的直线，都称为圆柱面的素线。

如图 3-14 所示，圆柱的轴线垂直于水平面，俯视图的圆反映圆柱上、下底面的实形，并且是圆柱面上所有点的积聚性投影；圆柱的主视图是一矩形线框，其各边分别代表上、下底面的积聚性投影与圆柱面上最左与最右两条素线的投影，线框是前半部与后半部圆柱面的重合投影。

左视图也是一个矩形线框，其各边分别代表上、下底面的积聚性投影与圆柱面上最前与最后 2 条素线的投影，线框是左半部与右半部圆柱面的重合投影。

应注意，轴线的投影应用点画线表示出来，其他回转体的投影，都有如此要求。

画圆柱视图时，先画中心线和轴线，再画投影为圆的视图，最后画另 2 个视图。

2. 圆锥及其三视图

圆锥体由圆锥面和底面组成。圆锥面是由一条母线绕与其相交的轴线回转而成。圆锥面上过锥顶 S 的任一直线称为圆锥面的素线。在母线上任一点的运动轨迹为圆。

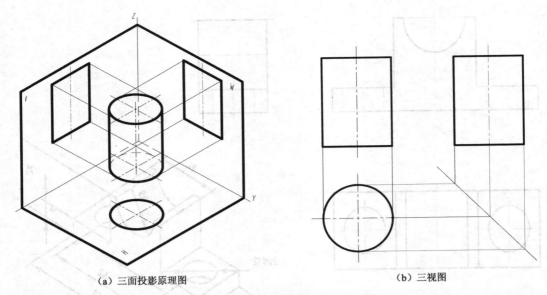

（a）三面投影原理图　　　　　　　（b）三视图

图 3-14　圆柱的三面投影原理图与三视图

将圆锥放入三投影面体系中，如图 3-15 所示，使其轴线垂直于水平面。俯视图是一个圆，没有积聚性。这个圆既是底平面的真实投影，也是圆锥面的投影。

主视图是一个等腰三角形，底边是圆锥底平面的积聚性投影，两腰是圆锥的最左与最右素线的真实投影。

左视图是一个等腰三角形，底边是圆锥底平面的积聚性投影，两腰是圆锥的最前与最后素线的真实投影。

画圆锥的视图时，先画中心线和轴线，随后画底面圆的投影及积聚性的投影，最后画锥顶及各极限素线的投影。

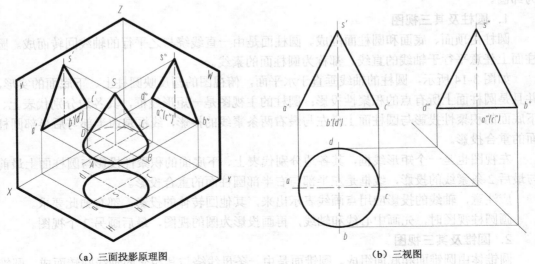

（a）三面投影原理图　　　　　　　（b）三视图

图 3-15　圆锥的三面投影原理图与三视图

3．圆球及其三视图

如图 3-16 所示，球的表面为球面，它是由一个圆母线绕其通过圆心且在同一平面上的轴线回转一周而形成的。球的三面投影均为与球等直径的圆。

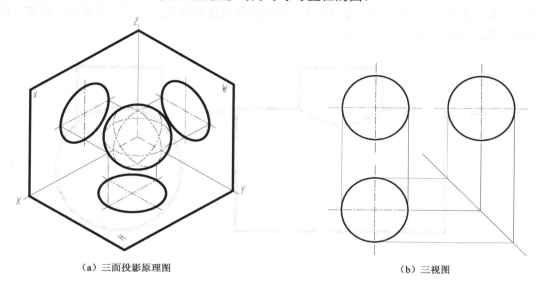

（a）三面投影原理图　　　　　　　　　　　（b）三视图

图 3-16　圆球的三面投影原理图与三视图

4．回转体的尺寸标注

圆柱和圆锥，应标注底圆直径和高度尺寸。直径尺寸一般应标注在非圆视图上，并在尺寸数字前加注符号"ϕ"，如图 3-17 所示。当把尺寸集中标注在一个非圆视图上时，一个视图即可表达清楚它们的形状和大小。

标注圆球尺寸时，需在表示直径的尺寸数字前加注符号"$S\phi$"，如图 3-17 所示。

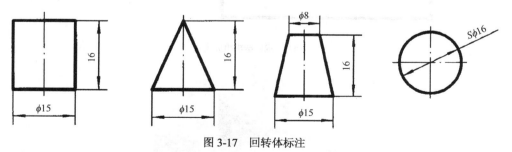

图 3-17　回转体标注

五、相贯线

1．相贯线的性质

两立体相交时形成的表面交线称为相贯线。相贯线具有下列基本性质。

（1）共有性。相贯线是相交两立体表面的共有线，即相贯线上的点为两立体表面的共有点。

（2）封闭性。由于立体结构形状具有一定的空间范围，故相贯线一般为封闭的空间曲线，特殊的为平面曲线或平面多边形。

2．相贯线的画法

（1）相贯线的一般画法。画相贯线常采用的方法是辅助平面法。辅助平面法的原理是用一个截平面依次截切 2 个相贯的物体，所得的截交线必有几点处于三面共点的位置。用辅助平面法求相贯线，如图 3-18 所示。

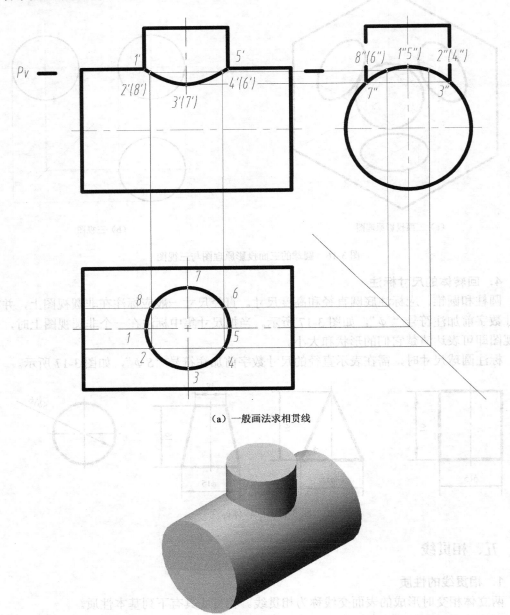

（a）一般画法求相贯线

（b）正交圆柱立体图

图 3-18　正交圆柱相贯线的一般画法

① 在相贯线的水平面上的投影——圆上取特殊点 1、5，并求出这些点在正面和侧面上的投影。

② 在正面投影上合适位置作辅助水平面 P_V，与两圆柱均相交，并求出该辅助平面与两圆柱的截交线各面投影。两截交线投影的交点 2、4、6、8 即为相贯线上点的投影。

③ 作相贯线在侧面上的投影，即为 3″ 和 7″ 之间的圆弧。

④ 在正面依次光滑连接各点，即为所求相贯线在正面的投影。因 6′ 与 4′、7′ 及 3′、8′ 和 2′ 是重影点，因此，6′、7′、8′ 不可见。结果如图 3-18（a）所示。

⑤ 补全大小圆柱在水平面和侧面的投影，结果如图 3-18（a）所示。

⑥ 检查。

（2）简化画法。简化画法如图 3-19 所示，绘图步骤如下。

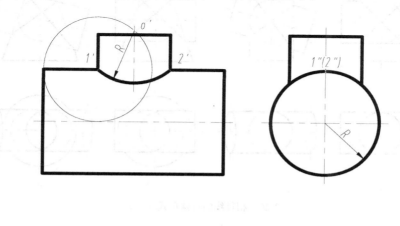

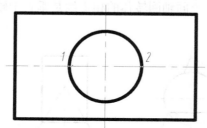

图 3-19　正交圆柱相贯线的简化画法

① 分析。分析两圆柱的相贯情况，比较两圆柱的大小，预估相贯线的形状和位置。测量大圆柱的半径为 R。

② 标点。标注相贯线的最左点 1 和最右点 2 在正面的投影。

③ 作图。在正面投影上，找到相贯线的最左点 1′ 和最右点 2′。以 1′ 或 2′ 为圆心，以大圆柱的半径 R 为半径作辅助圆，则辅助圆与小圆柱的轴线相交于一点 O′。再以 O′ 为圆心，以大圆柱的半径 R 为半径，以 1′、2′ 为起点和终点作弧。用作出的圆弧代替两垂直相交圆柱的相贯线，结果如图 3-19 所示。

要注意确定相贯线的起始和终止位置，替代相贯线圆弧的圆心在小圆柱远离大圆柱方向的轴线上，替代相贯线圆弧的半径为大圆柱的半径。

3. 相贯线投影的特殊形式

相贯线在一般情况下是空间曲线，但在某些特殊情况下，也可能是平面曲线或平面多边形。而对于相贯线投影，由于投影的积聚性，有时会出现一些特殊形式，常见的几种形式如下。

（1）轴线相交回转体间的相贯线。两回转体轴线相交，且平行于同一投影面。若它们能公切于一个球，则相贯线是垂直于这个投影面的椭圆（因此相贯线在该投影面上的投影积聚成一条直线），如图 3-20 所示。

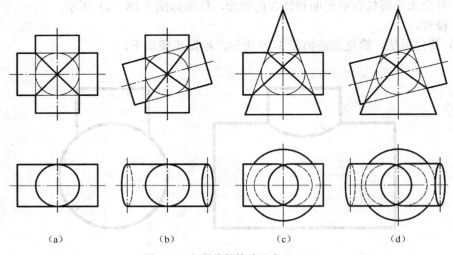

（a）　　　　　　（b）　　　　　　（c）　　　　　　（d）

图 3-20　相贯线的特殊形式（一）

（2）轴线重合回转体间的相贯线。2 个同轴回转体的相贯线是垂直于轴线的圆，如图 3-21 所示。

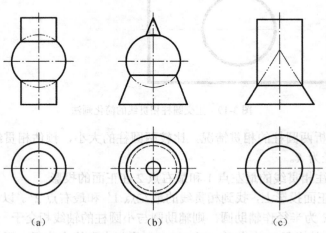

（a）　　　　　　（b）　　　　　　（c）

图 3-21　相贯线的特殊形式（二）

（3）轴线平行回转体间的相贯线。轴线平行的两圆柱的相贯线是 2 条平行的素线，如图 3-22 所示。

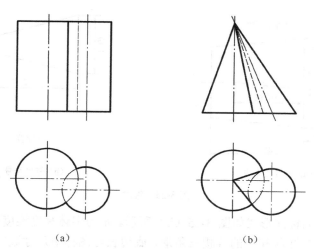

（a）　　　　　　　　　　　　　　（b）

图 3-22　相贯线的特殊形式（三）

4．相贯体的尺寸标注

标注相贯体的尺寸时，只需标注参与相贯的各立体的定形
尺寸及其相互间的定位尺寸即可。所以，截交线和相贯线上不
应直接标注尺寸，如图 3-23 所示，图中打"×"的为多余尺寸，
应去掉。

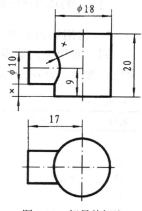

六、斜度和锥度

1．斜度

斜度是一直线（或平面）对另一直线（或平面）的倾斜程度，
在图样中以 1：n 的形式标注。图 3-24（a）所示为斜度为 1：5 的
作法。在 BE 上取 1 个单位，在 AB 上取 5 个单位，作 1：5 斜度线，
然后过 F 点作斜度线的平行线。

图 3-23　相贯体标注

斜度在图样中的标注形式如图 3-24（b）所示，斜线与水平方向成 30° 角，高度 h 与
图样中数字高相同，方向与斜度方向一致。

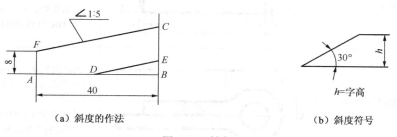

（a）斜度的作法　　　　　　　　　　　（b）斜度符号

图 3-24　斜度

2．锥度

锥度是指正圆锥底圆直径与锥高之比，在图样中以 1：n 的形式标注。图 3-25（a）所
示为锥度 1：5 的作法。先作 1：5 的锥度辅助三角形，再过对应端点作锥度线的平行线。

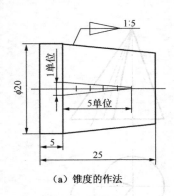

（a）锥度的作法

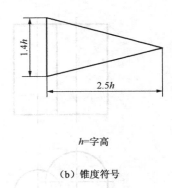

（b）锥度符号

图 3-25　锥度

锥度在图样上的标注形式如图 3-25（b）所示。h 为字体高度锥度符号，用 1/10 字高的线绘制，是一个顶角为 30° 的等腰三角形，底边长与图样中尺寸数字的高度相等，符号的指向应与锥度的方向一致。

七、销及销连接

1. 常用销的类型

销主要用于机器零件之间的连接和定位。常用的有圆柱销、圆锥销和开口销等。销的类型、标准、画法及标注如表 3-1 所示。

表 3–1　　　　　　　　　　　　销的类型、标准、画法及标记示例

名称	标准号	图例标准号	标记示例
圆锥销	GB/T117-2000		公称直径 d=8 mm，长度 l=30 mm，材料为 35 钢，热处理硬度 28-8HRC，表面氧化处理的 A 型圆锥销： 销 GB/T117-2000 A8×30（圆锥销的公称直径是指小端直径）
圆柱销	GB/T119-2000		公称直径 d=8 mm，长度 l=32 mm，材料为 35 钢，热处理硬度 28-8HRC，表面氧化处理的 A 型圆柱销： 销 GB/T118-2000 A8×32
开口销	GB/T91-2000		公称直径 d=3.2 mm，长度 l=16 mm，材料为低碳钢，不经表面热处理的开口销： 销 GB/T91-2000 A8×30 （开口销的公称直径指销孔的直径）

2. 销孔尺寸标注

用销连接或定位的 2 个零件上的销孔，一般需一起加工，并在销孔图样上注写"装配时作"或"与零件配作"，如图 3-26 所示。

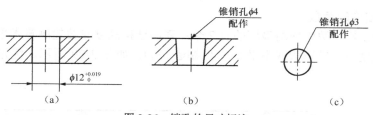

（a）　　　　　　　　　　　（b）　　　　　　　　　　　（c）

图 3-26　销孔的尺寸标注

3．销连接的画法

销连接画法如图 3-27 所示。

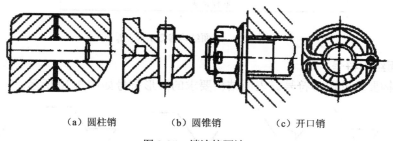

（a）圆柱销　　　　　　（b）圆锥销　　　　　　（c）开口销

图 3-27　销连接画法

八、表面结构

1．表面结构的概念

零件加工时，由于刀具在零件表面上留下刀痕，以及切削分裂时表面金属的塑性变形等因素，使零件表面存在着间距较小的轮廓峰谷。这种表面上具有较小间距的峰谷所组成的微观几何形状特性，称为表面结构，如图 3-28 所示。

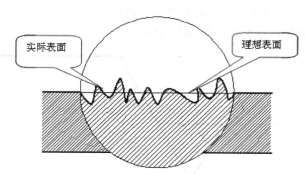

图 3-28　微观表面结构

由于机器对零件的各个表面的要求不一样，如配合性质、耐磨性、抗腐蚀性、密封性、外观要求等，因此，对零件表面的结构要求也各有不同。一般说来，凡零件上有配合要求或有相对运动的表面，表面结构参数值要小。

零件表面结构是评定零件表面质量的一项技术指标。零件表面结构要求越高（即表面结构参数值越小），则其加工成本也越高。因此，应在满足零件表面功能的前提下，合理选用表面结构参数值。

2. 表面结构的参数

零件表面结构参数中应用最广的有 2 个：表面结构高度参数轮廓算术平均偏差（R_a）和表面结构高度参数轮廓微观不平度十点高度（R_z），如图 3-29 所示。优先选用轮廓算术平均偏差 R_a。

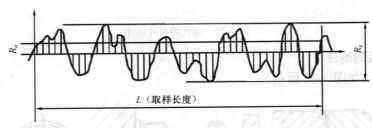

图 3-29　表面结构参数 R_a 与 R_z

3. 表面结构符号

表面结构要求的图形符号。表面结构要求的图形符号如图 3-30 所示。

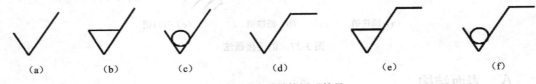

图 3-30　表面结构图形符号

图 3-30（a）所示为基本符号，通过用任何方法获得的表面，无注释单独使用无意义。

图 3-30（b）表示用去除材料的方法获得的表面，如通过机械加工获得的表面。

图 3-30（c）表示用不去除材料的方法获得的表面，如铸造表面。

图 3-30（d）、（e）、（f）所示为完整图形符号。图 3-30（d）表示允许任何工艺，图 3-30（e）表示要求去材料，图 3-30（f）表示要求不去材料。

图形符号在图样中的尺寸大小如图 3-31 及表 3-2 所示。

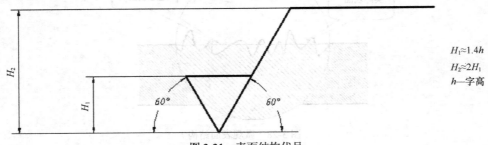

$H_1 \approx 1.4h$

$H_2 \approx 2H_1$

h—字高

图 3-31　表面结构代号

表 3-2　　　　　　　　表面结构图形符号及尺寸　　　　　　　　（单位：mm）

数字与字母高度	2.5	3.5	5	7	10	14	20
符号的线宽	0.25	0.35	0.5	0.7	1	1.4	2
高度 H_1	3.5	5	7	10	14	20	28
高度 H_2	8	11	15	21	30	42	60

AutoCAD 2010 基本操作

一、三维实体模型

1. 实体模型常用工具栏

下面以 AutoCAD 经典空间为例，介绍实体建模常用工具栏，如图 3-32 所示。

（a）"建模、实体编辑"工具栏

（b）"视图"工具栏

（c）"动态观察"工具栏　　　　　　（d）"视觉样式"工具栏

（e）"视口"工具栏

图 3-32 "经典"实体造型常用工具栏

2. 创建基本实体

（1）创建长方体。

① 菜单方式：选择"绘图"|"建模"|"立方体"命令。

② 工具栏：单击"建模"工具栏"立方体"按钮 ▭。

③ 命令行：box。

输入命令后，根据系统提示输入相应数据，画出长方体。

（2）创建球体。

① 菜单命令：选择"绘图"|"建模"|"球体"命令。

② 工具栏：单击"建模"工具栏按钮 ○。

③ 命令行：sphere。

输入命令后，指定球心，再指定半径，画出球。

（3）创建圆柱体。

① 菜单命令：选择"绘图"|"建模"|"圆柱体"命令。

② 工具栏：单击"建模"工具栏按钮 ▢。

③ 命令行：cylinder。

输入命令后，指定底面圆心，再指定半径，最后指定高度，画出圆柱。

（4）创建圆锥体。

① 菜单命令：选择"绘图"|"建模"|"圆锥体"命令。

② 工具栏：单击"建模"工具栏按钮 △。

③ 命令行：cone。

输入命令后，指定底面圆心，再指定半径，最后指定高度，画出圆锥。

（5）创建圆环体。

① 菜单命令：选择"绘图"|"建模"|"圆环体"命令。

② 工具栏：单击"建模"工具栏按钮 。

③ 命令行：torus。

输入命令后，指定圆环圆心，再指定圆环半径，最后指定圆管半径，画出圆柱。

3．通过二维图形创建实体

在 AutoCAD 中，一些特定的二维对象通过拉伸（Extrude）或旋转（Revolve）可以创建出三维实体。这里的二维对象必须具备 2 个条件：一是封闭的，二是整体为一个对象。即在拉伸或旋转前必须创建面域。

（1）创建面域的方法。

① 菜单命令：选择"绘图"|"面域"命令。

② 工具栏：单击"绘图"工具栏按钮 。

③ 命令行：REG（region）。

执行命令后，选择组成封闭图形的对象，回车，即可创建面域。

（2）创建拉伸实体。

① 菜单命令：选择"绘图"|"建模"|"拉伸"命令。

② 工具栏：单击"建模"工具栏按钮 。

③ 命令行：extrude。

命令被激活，选择面域后，输入拉伸高度即可。

（3）创建旋转实体。

① 菜单命令：选择"绘图"|"实体"|"旋转"命令。

② 工具栏：单击"实体"工具栏按钮 。

③ 命令行：revolve。

命令被激活后，命令行提示：

选择对象：　　　（选择要进行旋转的对象）

选择对象：指定旋转轴的起点或定义轴依照[对象(O)/X 轴(X)/Y 轴(Y)]：

如图 3-33 所示。

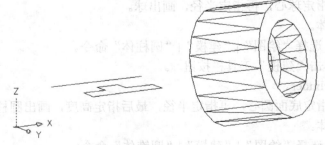

图 3-33　旋转

4．视口

创建 4 个视口：主视图、俯视图、左视图和西南侧视图。

（1）打开"视口"工具栏，如图3-34所示。

（2）设置4个相等视口，如图3-35所示。

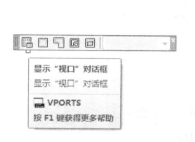

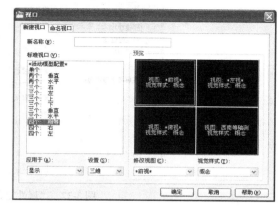

图3-34　"视口"工具栏　　　　　　　　　　图3-35　4个相等视口

二、标注锥度符号

标注锥度符号，在"绘图"工具栏单击按钮A，打开文字格式窗口，应根据需要设置标注的字体高度，然后选择"gdt"字体，输入"y"即可，如图3-36所示。

图3-36　文字样式

三、用块的方式标注表面结构

在AutoCAD中，表面结构的标注是通过插入属性块来完成的。

1. 定义图块的属性

① 菜单命令：选择"绘图"|"块"|"定义属性"命令。

② 命令行：ATT（attder）。

执行命令后，弹出图3-37所示的对话框。

在该对话框中，"模式"选项组用于设置属性的模式。"属性"选项组中，"标记"文本框用于确定属性的标记（用户必须指定标记）；"提示"文本框用于确定插入块时AutoCAD提示用户输入属性值的提示信息；"默认"文本框用于设置属性的默认值，在各对应文本框中输入具体内容即可。"插入点"选项组确定属性值的插入点，即属性文字排列的参考点。"文字设置"选项组确定属性文字的格式。确定了"属性定义"对话框中的各项内容后，单击对话框中的"确定"按钮。

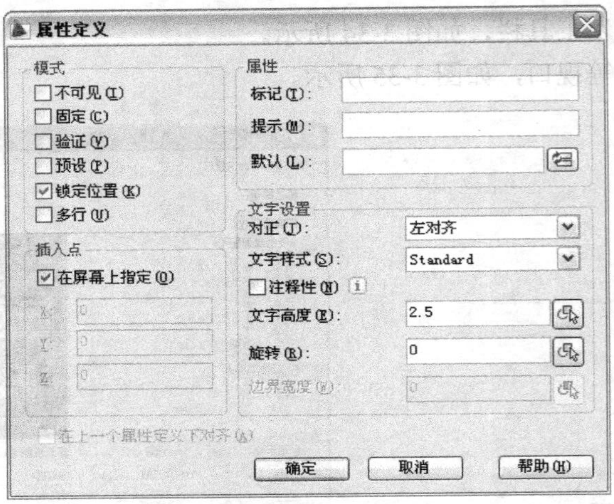

图 3-37　"属性定义"对话框

2. 定义块

① 菜单命令：选择"绘图"|"块"|"创建"命令。

② 工具栏：单击"绘图"工具栏"创建块"按钮。

③ 命令行：B（block）。

执行命令后，弹出图 3-38 所示的对话框。

图 3-38　"块定义"对话框

在该对话框中，"名称"文本框用于确定块的名称。"基点"选项组用于确定块的插入基点位置。"对象"选项组用于确定组成块的对象。"设置"选项组用于进行相应设置。通过"块定义"对话框完成相应的设置后，单击"确定"按钮，即可完成块的创建。

3. 插入块

① 菜单命令：选择"插入"|"块"命令。

② 工具栏：单击"绘图"工具栏中的"插入块"按钮。

③ 命令行：I（insert）。

执行命令后，弹出"插入"对话框，如图 3-39 所示。

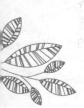

图 3-39　插入块

在该对话框中，"名称"下拉列表框确定要插入块或图形的名称。"插入点"选项组确定块在图形中的插入位置。"比例"选项组确定块的插入比例。"旋转"选项组确定块插入时的旋转角度。"块单位"文本框显示有关块单位的信息。

任务实施

一、绘制销的三维图形

1．准备工作

打开"建模"、"视口"等工具栏，如图 3-40 所示。

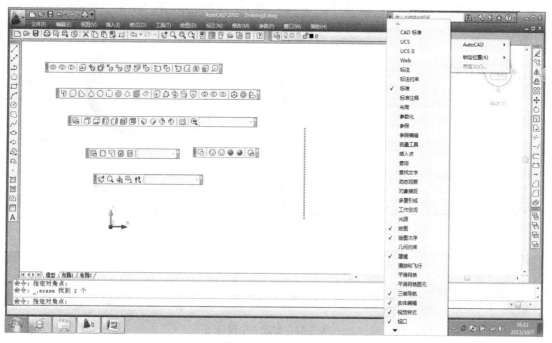

图 3-40　调出工具栏

2．圆锥体建模

（1）绘制如图 3-41 所示平面图形。

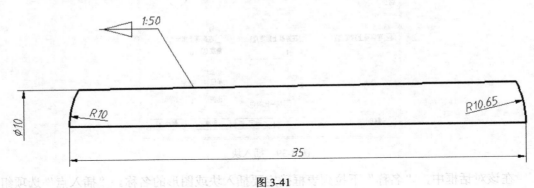

图 3-41

（2）创建面域：使用"面域"按钮 创建面域。

（3）将视图转换到"西南侧"，选择"绘图"|"建模"|"旋转"命令（或命令 revolve，或旋转按钮 ），绕边轴旋转生成三维实体。

3．视觉样式

选择"真实"视觉样式。

4．创建 4 个相等视口

创建主视图、俯视图、左视图和西南侧视图，如图 3-42 所示。

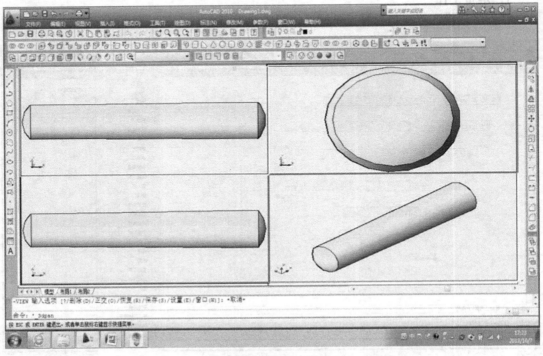

图 3-42 创建 4 个视口

二、绘制销的零件图

（1）调用样板 A4 文件"A4.dwt"。

（2）选择视图，按 1：1 的比例绘制销的二维图形，再用"缩放"命令放大到 5：1，如图 3-43 所示。

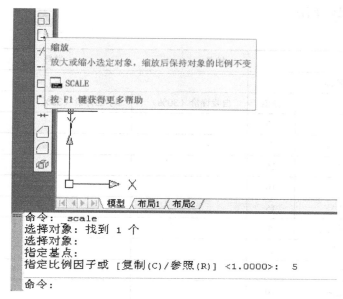

图 3-43　缩放

（3）按图 3-44 所示标注尺寸。标注尺寸前应先设置尺寸样式。

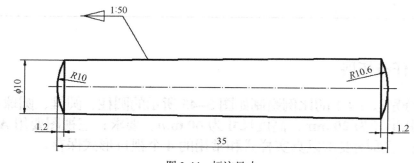

图 3-44　标注尺寸

（4）标注表面结构，操作过程如下。

① 画图形符号：√，短边高 5，长边高 11，水平长 12，字高 3.5。

② 定义属性。

a. 输入命令"ATT"。

b. 填写属性标记"表面结构"，提示"R"。

c. 文字对正：正中。文字样式：选预设的样式名。文字高度：3.5。

③ 定义块。

块名：CD01。选择插入基点为下角点。

④ 插入块。按图 3-2 所示插入块。

（5）填写标题栏。

（6）根据要求保存文件到指定文件夹。

任务评价

班级		姓名		学号	
项目名称					
评价内容	分值	自我评价（30%）	小组评价（30%）	教师评价（40%）	
销三维建模	20				
创建 4 个相等视口	5				
销的图样绘制	15				
标注尺寸	10				
标注表面结构代号	15				
填写标题栏和技术要求	5				
图线符合国家标准	5				
保存最佳状态	5				
与组员的合作交流	10				
课堂的组织纪律性	10				
总　分	100				
总　评					

任务拓展

一、分别按 1：1 的比例绘制如图 3-45 所示的圆柱、圆锥、圆球三视图和三维图，其半径为 20 mm，高度尺寸为 60 mm。要求：三视图要用 A4 图幅，标注尺寸；三维图要求以真实样式和常用的 4 个视口形式保存。

图 3-45

二、完成下列练习题。

（一）填空题。

1. 表面结构符号顶角为_____度。

2. 物体的三视图分别指_____视图、_____视图、_____视图。

3. 正投影的特性有_____、_____和_____。

4. 无论是整个物体或物体的局部，其三面投影都必须符合"_____、_____、_____"的"三等"规律。

（二）选择题。

1. 标注直线尺寸时，并列尺寸应（　　）标注。

　　A. 大尺寸在外，从小到大往外标

　　B. 小尺寸在外，从大到小往外标

　　C. 以上都不对

2. 已知立体的主、俯视图，如图3-46所示，正确的左视图是（　　）。

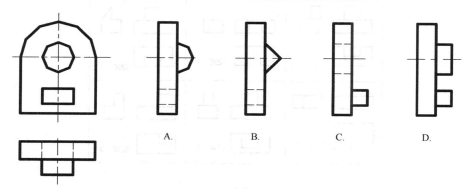

图3-46

3. 已知主、俯视图，如图3-47所示，选择正确的左视图（　　）。

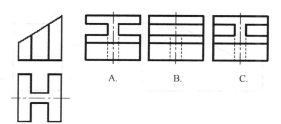

图3-47

4. （　　）反映物体的宽度和高度。

　　A. 左视图　　　　　　　　B. 主视图　　　　　　　　C. 俯视图

5. 投影反映直线段实长或平面实形，这种投影特性称为（　　）。

　　A. 真实性　　　　　　　　B. 积聚性　　　　　　　　C. 类似性

6. 去材料方法获得的表面粗糙度用（　　）表示。

A. ✓　　　　　　　　　　B. ▽　　　　　　　　C. ✓

（三）看图题。

1. 看三视图选轴测图，如图 3-48 所示。

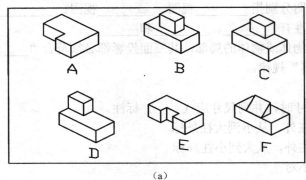

（a）

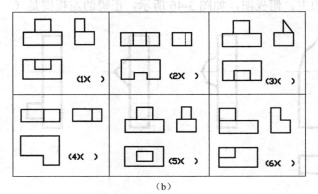

（b）

图 3-48

2. 在图 3-49 所示的括号中填出方位（左、右、上、下、前、后）。

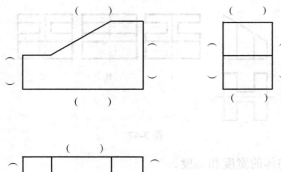

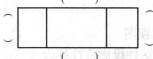

图 3-49

3. 指出图 3-50 中尺寸标注错误的地方（在错误处打×）。

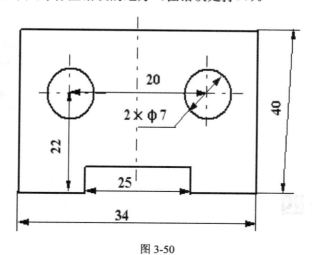

图 3-50

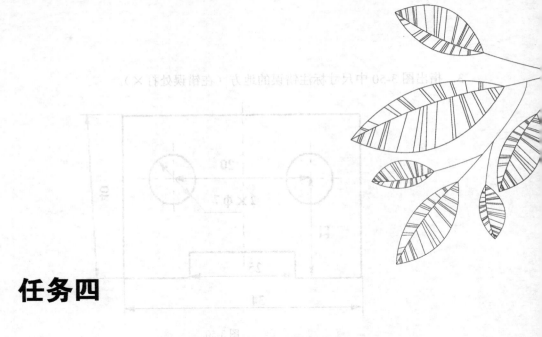

任务四

绘制定距环零件图

Chapter 4

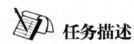 **任务描述**

根据给出定距环的轴测图。用 AutoCAD 软件绘制定距环，要求如下。

1. 按 1：1 的比例绘制定距环的三维图形（见图 4-1），创建主视图、俯视图、左视图和西南侧视图 4 个视口，以"定距环三维.dwg"命名，保存到指定文件夹中。

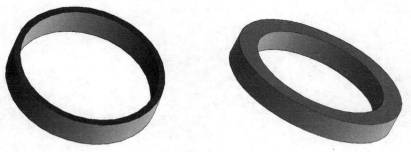

图 4-1　定距环

2. 按 1：1 的比例绘制定距环的零件图（见图 4-2、图 4-3），要求符合国家标准规定，图形表达正确，布局合理、美观。

（1）根据样图选择合适的图幅及摆放方式，图框要求有装订边。

（2）按国家标准要求正确、完整地标注零件的尺寸、表面结构代号，并填写技术要求。

（3）绘制完的图样以"定距环.dwg"命名，保存到指定文件夹中。

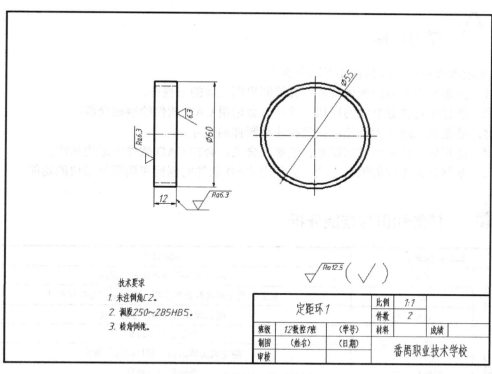

图 4-2　定距环 1 的零件图

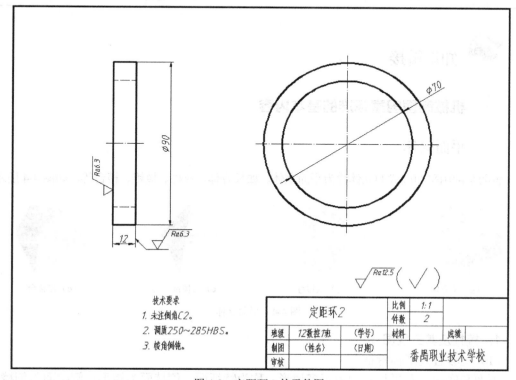

图 4-3　定距环 2 的零件图

学习目标

完成本项目后，应具备如下职业能力。

1. 熟悉平面立体的形体特征，会绘制平面立体的三视图。
2. 能说出物体截交线的形状、性质，会运用 CAD 软件绘制截交线。
3. 能根据截断体的特征，正确标注截断体的尺寸。
4. 能正确识读表面结构符号并说明其含义，会在 CAD 软件中运用标注。
5. 掌握三维实体的编辑方法，会使用 CAD 软件的创建和调用外部块的功能。

 任务知识与技能分析

	知识与技能点	评价目标
制图 知识	平面立体	能画出各平面立体的三视图
	截交线	能说出截交线的概念和性质，并能标注截断体尺寸
	表面结构	能识读表面结构符号的含义
CAD 知识	三维实体建模	会进行布尔运算
		能完成实体剖切、倒角和圆角操作
	编辑标注文字	会编辑尺寸数字
	外部块	会定义外部块

 知识链接

 机械制图国家标准的基本内容

一、平面立体

表面全部由平面围成的立体称为平面立体。如长方体、棱柱、棱锥、棱台等，如图4-4所示。

(a) 长方体　　　　　(b) 六棱柱　　　　　(c) 三棱锥　　　　　(d) 三棱台

图 4-4　平面立体

1. 棱柱及其三视图

（1）正棱柱的形体特征

顶面和底面相互平行且均为正多边形，称为特征面；侧棱面为矩形；侧棱面与侧棱面

的交线称为侧棱线，侧棱线相互平行。

以六棱柱为例，如图4-5（a）所示，在图示位置时，六棱柱的两底面为水平面，在俯视图中反映实形。前后两侧棱面是正平面，其余4个侧棱面是铅垂面，它们的水平投影都积聚成直线，与六边形的边重合。

（2）棱柱的三视图

如图4-5（b）所示六棱柱三视图中，主视图由3个矩形线框组成。中间的线框反映前、后两侧面的实际形状；旁边两线框反映其余4个侧面的重合投影，是类似形；上、下2条直线是顶面和底面的积聚性投影，另外4条线是6条侧棱的投影。

俯视图的正六边形线框是六棱柱和底面的重合投影，反映实形。六边形的边和顶点是6个侧面和6条侧棱的积聚性投影。

左视图是两个大小相等的矩形线框，它是左、右4个侧面的重合投影，为类似形。

棱柱的投影特点：与特征面平行的投影面的投影为多边形，反映特征实形；另2个面的投影为一个或多个可见与不可见矩形。

画棱柱视图时，先画反映底面实形的那个投影，然后再画其他两面投影。

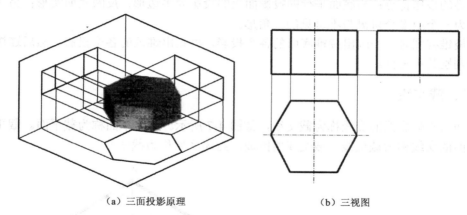

（a）三面投影原理　　　　　　　　　　（b）三视图

图4-5　六棱柱的三面投影原理图与三视图

2. 棱锥

（1）正棱锥的形体特征

正棱锥的各条侧棱汇于顶点，侧面为全等的等腰三角形，底面为正多边形。

如图 4-6（a）所示，棱锥处于图示位置时，其底面 ABC 是水平面，在俯视图上反映实形。侧棱面 SAC 为侧垂面，另2个侧棱面为一般位置平面。

（2）棱锥的三视图

如图4-6（b）所示的正三棱锥三视图中，俯视图是3个等腰三角形组合而成的一个等边三角形，它是棱锥底面 ABC 与3个侧面的重影。底面与水平面平行，其水平投影反映实形；3个侧面的水平投影均为类似形。

主视图是2个直角三角形组合而成的一个等腰三角形，它是棱锥左、右2个前侧面与后侧面的重影，为类似形。等腰三角形的底边为棱锥底面 ABC 的积聚性投影。

左视图是一个三角形。三角形是左、右两侧面的重影，为类似形；三角形的底边是棱锥底面 ABC 的积聚性投影；侧棱 SB 为侧平线，其侧面投影反映实长。

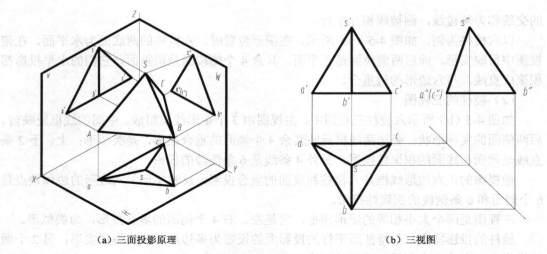

（a）三面投影原理 　　　　　　　　　　　　　　（b）三视图

图 4-6　棱锥的三面投影原理图与三视图

棱锥的投影特点：与底面平行的投影面上的投影为多边形，反映底面实形；另 2 个面的投影为一个或多个可见与不可见的三角形。

画棱锥视图时，先画出棱锥底面的各个投影，再画出锥顶的各个投影，然后连接各棱线，并判别其可见性。

二、截交线

平面与立体表面的交线称为截交线，如图 4-7 所示。这个平面称为截平面。截平面与立体表面的交线称为截交线。截交线所围成的封闭区域称为截断面。

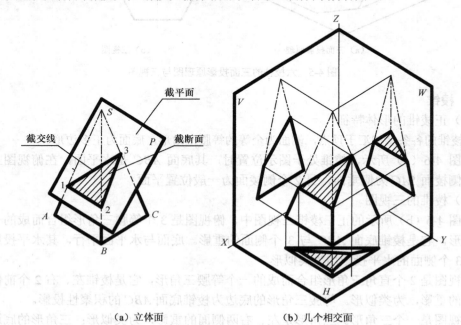

（a）立体面 　　　　　　　　　　　　　　（b）几个相交面

图 4-7　截断体与截交线

因截交线为平面与立体表面的交线，因此截交线具有以下性质。

（1）共有性。截交线既属于截平面又属于立体表面，为截平面与立体表面的共有线。

（2）封闭性。由于立体是由不同表面所包围成的一个封闭空间，因此截交线是一个封闭的平面图形。

因为截交线是截平面和几何体表面的共有线，截交线上的每一点都是截平面和几何体表面的共有点。因此，只要能求出这些共有点，再把这些共有点连起来，就可以得到截交线。

1．平面与平面立体相交

当平面与平面立体相交时，其截交线为封闭的多边形，如图 4-8（b）所示。

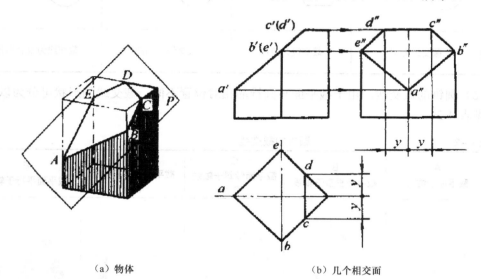

（a）物体   （b）几个相交面

图 4-8　平面与平面立体相交

2．平面与曲面立体相交

当平面与曲面立体相交时，其截交线为封闭的平面曲线，特殊情况下为直线。

（1）圆柱的截交线。由于截平面与圆柱体的相对位置不同，截交线的形状可分为以下 3 种，见表 4-1。

表 4-1　　　　　　　　　　　　　圆柱的截交线

分类	A 截平面垂直于轴线	B 截平面平行于轴线	C 截平面倾斜于轴线且不 与上、下表面相交	D 截平面倾斜于轴线且与 上、下表面相交
立体图				

续表

分类	A 截平面垂直于轴线	B 截平面平行于轴线	C 截平面倾斜于轴线且不与上、下表面相交	D 截平面倾斜于轴线且与上、下表面相交
平面图				
说明	截交线为圆	截交线为矩形	截交线为椭圆	截交线为复合图形

（2）圆锥的截交线。由于截平面与圆锥的相对位置不同，截交线的形状可分为以下 5 种，见表 4-2。

表 4-2　　　　　　　　　　　　圆锥的截交线

分类	A 截平面过锥顶	B 截平面垂直于轴线	C 截平面倾斜于轴线 $\theta > \alpha$	D 截平面倾斜于轴线 $\theta = \alpha$	E 截平面平行于轴线
立体图					
平面图					
说明	截交线为直线	截交线为圆	截交线为椭圆	截交线为抛物线	截交线为双曲线的一支

3. 球的截交线

任何截平面与圆球相交，截交线都是圆。当圆平行于投影面时，圆在投影面上的投影是圆；当圆倾斜于投影面时，圆在投影面上的投影是椭圆；当圆垂直于投影面时，圆的投影为直线，如表 4-3 所示。

表 4-3　　　　　　　　　　　　　　球的截交线

分类	A 截平面与投影面相平行		B 截平面与投影面相倾斜	
立体图				
平面图				
说明	截交线投影为圆或直线		截交线投影为椭圆	

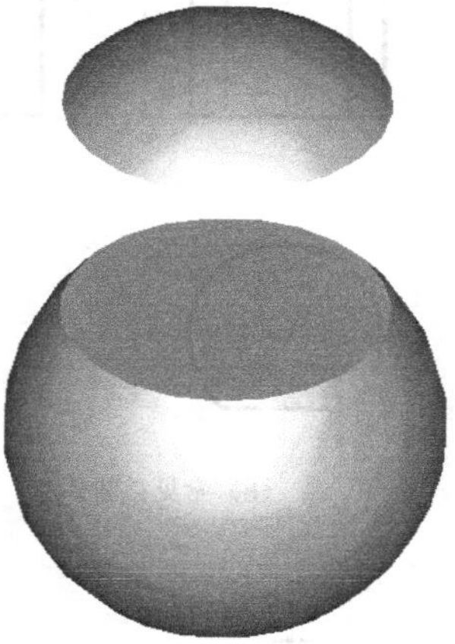

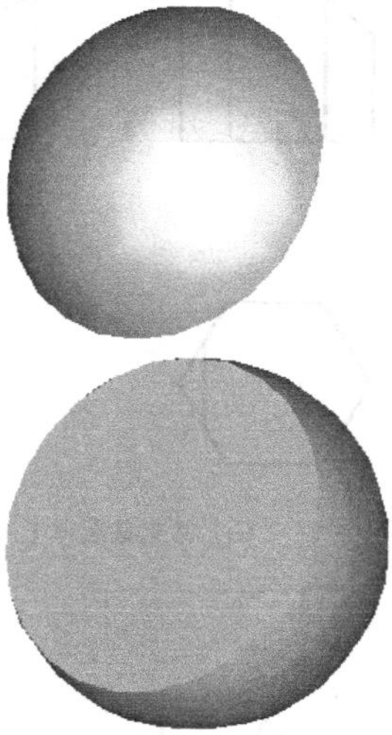

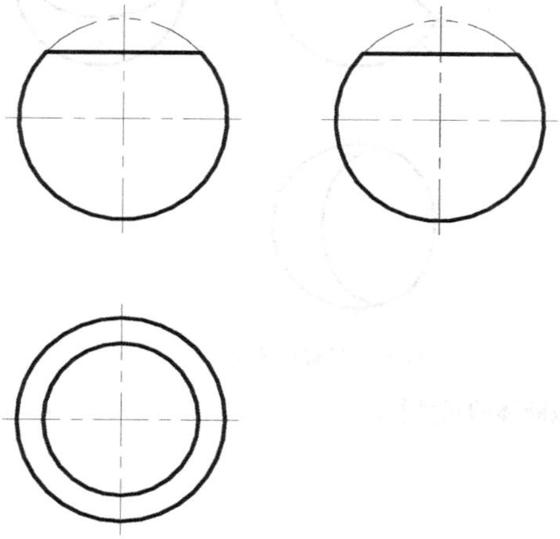

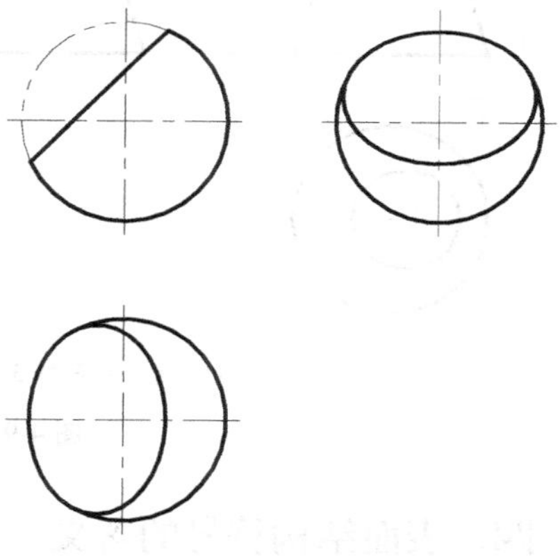

三、截断体尺寸标注

　　截断体的结构形状与被截的立体有关，另外还和被截立体与截平面的相对位置有关。因此，对于截断体的尺寸标注，一般先注未截切之前形体的定形尺寸，然后标注截平面的定位尺寸，而不标注截交线的定形尺寸。常见截断体的尺寸标注如图 4-9所示。

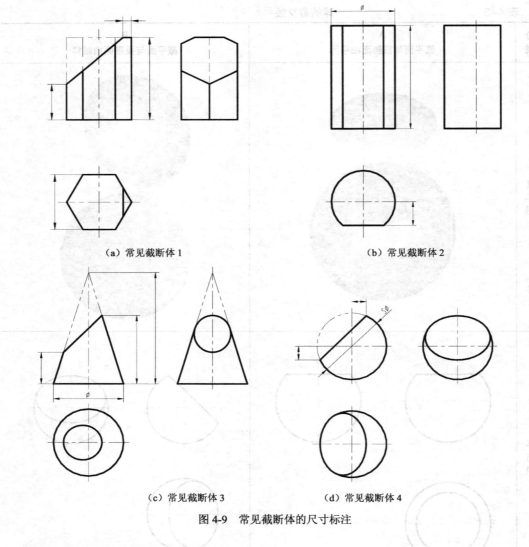

（a）常见截断体 1　　　　　　　　　　　（b）常见截断体 2

（c）常见截断体 3　　　　　　　　　　　（d）常见截断体 4

图 4-9　常见截断体的尺寸标注

四、表面结构符号的含义

1. 表面结构要求的注写位置

在表面结构图形符号中，对零件表面结构的各项要求的注写位置如图 4-10 所示。

位置 a：注写结构参数代号、极限值、传输带或取样长度等。在参数代号和极限值间应插入空格。

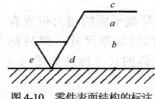

图 4-10　零件表面结构的标注

位置 b：注写第 2 个或更多表面结构要求（a 位置注写第 1 个）。位置不够时，图形符号应在垂直方向扩充，以空出足够的空间。

位置 c：注写加工方法、表面处理、涂镀或其他加工工艺要求等。

位置 d：注写表面纹理及其方向要求。

位置 e：注写加工余量，以毫米为单位给出数值。

2．表面结构要求的注写规则

（1）评定长度（l_n）与取样长度（l_r）。评定长度是在评定图样上表面结构要求时所必须的一段长度。取样长度是判别表面轮廓特征的一段基准长度。对于 R 轮廓参数，默认评定长度由 5 个取样长度构成，即 $l_n=5×l_r$。当 R_a 为非默认评定长度时，应标注取样长度的个数，例如 R_a3，表示评定长度由 3 个取样长度构成。评定长度默认时不标注。

（2）单向极限与双向极限。表面结构要求的单位是 μm。上限值代号为 U，是默认值，不标注；下限值代号为 L，必须标注。单向极限与双向极限标注，如图 4-11 所示。

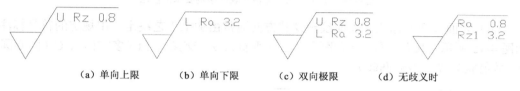

（a）单向上限　　（b）单向下限　　（c）双向极限　　（d）无歧义时

图 4-11　极限值的标注

R_a 和 R_z 第一系列数值见表 4-4。

表 4-4　　　　　　　　　　　　　　　　R_a、R_z 的数值　　　　　　　　　　（单位：μm）

R_a	0.012	0.025	0.05	0.1	0.2	0.4	0.8	1.6	3.2	6.3	12.5	25	50	100	
R_z	0.025	0.05	0.1	0.2	0.4	0.8	1.6	3.2	6.3	12.5	25	50	100	200	400	800

（3）极限值判断规则。零件检测后，根据图样给定的极限值判断是否合格，有 2 种规则。

① 16%规则。当标注参数为上限值时，在同一长度内测得的数值中，大于给定值的个数不超过测得值总数的 16%为合格。这是所有表面结构要求的默认规则，不标注。如图 4-12（a）所示。

② 最大规则。在测得的参数值中，一个也不应超过图样上的规定值。当不允许任何实测值超差时，应在参数值的右侧加注 max 或同时标注 max 和 min，如图 4-12（b）所示。

（a）16%规则　　　　　　　　　　　（b）最大规则

图 4-12　极限值判断规则

（4）传输带和取样长度。

传输带是指长滤波器和短滤波器之间的波长范围。滤波器是测量表面结构所使用的仪器，它将轮廓信号分成长波万分和短波万分。

传输带应标注在参数代号的前面，并用斜线"/"隔开。传输带标注包括滤波器截止波长（单位：mm），短波滤波器在前（0.0025），长波滤波器在后（0.8），并用连字符"-"隔开，如图 4-13 所示。

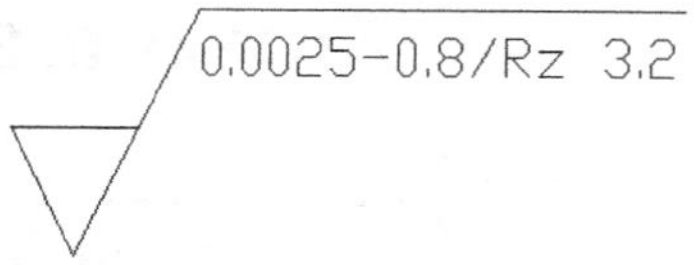

$$\sqrt{}\ 0.0025\text{-}0.8/Rz\ 3.2$$

图 4-13　传输带标注

如果只标注长波滤波器，则数值前加连字符"-"，如"-0.8"；如果只标注短波滤波器，则在数值后加连字符"-"，如"0.0025-"。默认传输带不标注。

（5）加工方法相关信息的标注。加工工艺等相关信息用文字标注在完整符号的横线上方，如图 4-14 所示。

图 4-14　加工工艺、镀覆和表面结构要求的注法

（6）表面纹理的标注。表面纹理及其方向通常由加工工艺决定，用规定的符号标注。如图 4-15 所示，共有 7 种：=（平行）、⊥（垂直）、x（交叉）、M（多方向）、C（同心圆）、R（放射状）、P（微粒凸起）。

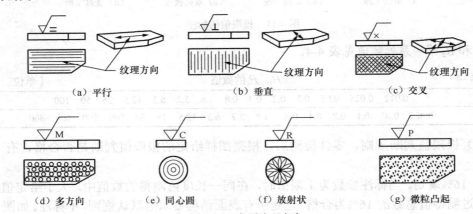

图 4-15　表面纹理方向

3. 表面结构要求的代号与含义

（1）表面结构要求的代号与含义见表 4-5。

表 4-5　　　　　　　轮廓算术平均偏差 R_a 值的代号意义

代　号	含　义
Ra 1,6	去除材料，单向上限值，默认传输带，R 轮廓，算术平均偏差为 1.6μm，评定长度为 5 个取样长度（默认），"16%规则"（16%规则参考 GB/T 10610 中的 5.2）（默认）
Rz 0.4	不允许去除材料，单向上限值，默认传输带，R 轮廓，粗糙度的最大高度为 0.4μm，评定长度为 5 个取样长度（默认），"16%规则"（默认）
Rzmax 0.2	去除材料，单向上限值，默认传输带，R 轮廓，粗糙度最大高度的最大值为 0.2μm，评定长度为 5 个取样长度（默认），"最大规则"（最大规则参考 GB/T 10610 中的 5.3）
0,008-0,8 / Ra 3.2	表示去除材料，单向上限值，传输带 0.008～0.8 mm，R 轮廓，算术平均偏差为 3.2μm，评定长度为 5 个取样长度（默认），"16%规则"（默认）

续表

代　号	含　义
$\sqrt{}$ -0.8 / Ra3 3.2	去除材料，单向上限值，根据 GB/T 6062，传输带取样长度 0.8μm（λs 默认 0.0025 mm），R 轮廓，算术平均偏差为 3.2μm，评定长度包含 3 个取样长度
$\sqrt{}$ U Ramax 3.2 L Ra 0.8	不允许去除材料，双向极限值，两极限值均使用默认传输带，R 轮廓，上限值算术平均偏差为 3.2μm，评定长度为 5 个取样长度（默认），"最大规则"；下限值算术平均偏差为 0.8μm，评定长度为 5 个取样长度（默认），"16%规则"（默认）
$\sqrt{}$ 0.8-25 / Wz3 10	表示去除材料，传输带 0.8～25 mm，W 轮廓，波纹度最大高度为 10μm，评定长度包含 3 个取样长度
$\sqrt{}$ 0.008- / Ptmax 25	表示去除材料，传输带 λs=0.008 mm，无长波滤波器，P 轮廓，轮廓总高度为 25μm，评定长度等于工件长度（默认），"最大规则"
$\sqrt{}$ 0.0025 - 0.1 / /Rx 0.2	表示任意加工方法，单向上限值，传输带 λs=0.0025 mm，A=0.1 mm，评定长度为 3.2 mm（默认），粗糙度图形参数，粗糙度图形最大深度为 0.2μm
$\sqrt{}$ /10/ R 10	不允许去除材料，默认传输带，A=0.5 mm（默认），评定长度为 10 mm，粗糙度图形参数平均深度为 10μm
$\sqrt{}$ W 1	去除材料，传输带 A=0.5 mm（默认），B=2.5 mm（默认），评定长度为 16 mm（默认），波纹度图形参数平均深度为 1 mm
$\sqrt{}$ -0.3 / 6 / AR 0.09	任意加工方法，单向上限值，传输带 λs=0.008 mm（默认），A=0.3 mm（默认），评定长度为 6 mm，粗糙度图形参数平均间距为 0.09 mm

（2）表面结构综合注法举例。

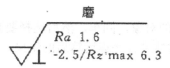

① 单向上限值 1：R_a=1.6μm；

"16%规则"（默认）（GB/T 10610）；

默认传输带（GB/T 10610 和 GB/T 6062）；

默认评定长度（5×λc）（GB/T 10610）。

② 单向上限值 2：$R_{z\,max}$=6.3μm；

"最大规则"；

传输带-2.5 mm（GB/T 6062）；

评定长度默认（5×2.5 mm）。

③ 表面纹理：表面纹理垂直于视图的投影面。

④ 加工方法：磨削。

AutoCAD 2010 基本操作

一、三维实体模型

1. 布尔运算

在 AutoCAD 中，可以将 2 个或 2 个以上的实体通过布尔运算组合，生成一个较为复杂的实体。基本的布尔运算有 3 种：并集、差集和交集。

（1）并集：并集运算可以将 2 个或多个实体合并成一个新的组合实体。

① 菜单命令：选择"修改"|"实体编辑"|"并集"命令。

② 工具栏：单击"实体编辑"工具栏按钮⑩。

③ 命令行：UNI（union）。

输入命令后，选择所有要合并的对象，然后回车即可。图 4-16 显示了 2 个实体进行并集运算前后的结果对比。

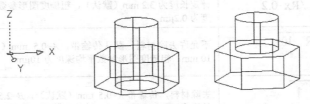

图 4-16　并集运算

（2）差集：2 个实体进行差集运算，实质是从一个实体中减去与另一个实体重合的部分，从而生成一个新的实体。

① 菜单命令：选择"修改"|"实体编辑"|"差集"命令。

② 工具栏：单击"实体编辑"工具栏按钮⑩。

③ 命令行：SU（subtract）。

输入命令后，选择要保留的对象，回车，然后选择要减去的对象，再回车。

如图 4-17 所示，显示了实体进行差集运算后的结果。该图为在底板上加工出 4 个孔。

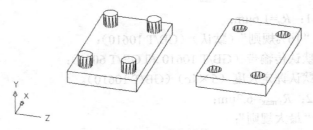

图 4-17　差集运算

（3）交集：2 个或 2 个以上的实体进行交集运算，其结果是生成一个包含有几个源对象共同重合部分的新实体。

① 菜单命令：选择"修改"|"实体编辑"|"交集"命令。

② 工具栏：单击"实体编辑"工具栏按钮⑩。

③ 命令行：IN（intersect）。

输入命令后，选择所有相交的对象，然后回车即可。如图 4-18（a）所示的六棱柱体与圆柱体相交，通过交集运算，得到图 4-18（b）所示的结果。

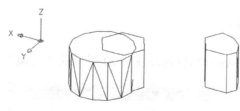

（a）六棱柱体与圆柱体相交　　（b）相交结果

图 4-18　交集运算

2. 实体剖切、倒圆角

（1）剖切。

① 菜单命令：选择"修改"|"三维操作"|"剖切"命令。

② 命令行：SL（slice）。

输入命令后，选择要剖切的对象，回车，然后根据提示指定剖切平面，再选择保留部分，在要保留的一侧单击鼠标左键。或者输入"B"，回车，则两边都保留。

（2）倒角。

三维倒角命令与二维倒角相同。

① 菜单命令：选择"修改"|"倒角"命令。

② 工具栏：单击"编辑"工具栏按钮⬜。

③ 命令行：CHA（chamfer）。

输入命令后，选择要倒角的棱线，回车。根据提示输入倒角距离，再次选择要倒角的棱线，然后回车即可。

（3）圆角。

三维圆角命令与二维圆角相同。

① 菜单命令：选择"修改"|"圆角"命令。

② 工具栏：单击"编辑"工具栏按钮⬜。

③ 命令行：F（fillet）。

输入命令后，选择一条要圆角的棱线，回车。根据提示输入圆角半径，然后回车即可。

二、编辑标注文字

要编辑标注文字，可以使用"特性"窗口。操作方法如下。

（1）双击要编辑的尺寸数字。

（2）选择"修改"|"特性"菜单命令。

（3）在"特性"窗口的"文字"区中的"文字替代"文本框中，输入或编辑标注文字。其中，要给标注测量值添加前缀

图 4-19　"特性"窗口

和后缀，可以在尖括号内<>代表原尺寸。然后在尖括号的前面或后面输入适当的内容，如图 4-19 所示。

三、定义外部块

将块以单独的文件保存。

命令：WBLOCK。

执行 WBLOCK 命令，AutoCAD 弹出图 4-20 所示的"写块"对话框。

图 4-20　"写块"对话框

在该对话框中，"源"选项组用于确定组成块的对象来源。"基点"选项组用于确定块的插入基点位置；"对象"选项组用于确定组成块的对象。只有在"源"选项组中选中"对象"单选按钮后，这 2 个选项组才有效。"目标"选项组用于确定块的保存名称、保存位置。

用 WBLOCK 命令创建块后，该块以.dwg 格式保存，即以 AutoCAD 图形文件格式保存。

任务实施

一、绘制销的三维图形

1. 准备工作

打开建模、视口、视图等工具条。

2. 圆柱体建模

（1）绘制图 4-21 所示的平面图形。

（2）选择"绘图"|"建模"|"拉伸"命令，选择要拉伸的对象，输入拉伸高度值"12"，单击西南视图，如图 4-22所示。

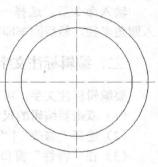

图 4-21　平面图

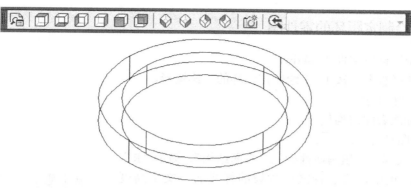

图 4-22 西南视图

（3）布尔运算：差集运算。

3．视觉样式

选择"视图"→"视觉样式"|"真实"命令，如图 4-23 所示。

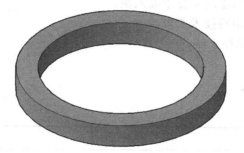

图 4-23 实体视图

4．创建 4 个视口

创建主视图、俯视图、左视图和西南视图，如图 4-24 所示。

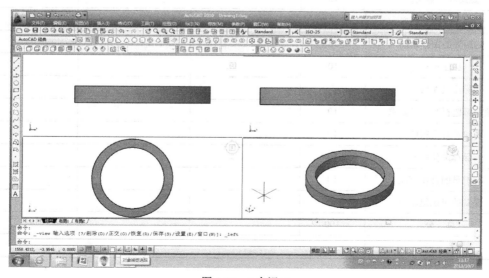

图 4-24 4 个视口

二、绘制定距环的零件图

（1）调用样板文件"A4.dwt"。

（2）选择视图，按 1∶1 绘制定距环的二维图形。

（3）标注尺寸。

（4）标注表面结构代号。

① 画图形符号：。

② 定义属性：填写属性标记"表面结构"，提示"R"，文字对正，正中，文字样式选预设的样式名，文字高度为 3.5。

③ 定义块：块名"CD01"，选择插入基点为下角点。

④ 定义外部块：按快捷键【W】，打开"写块"对话框，选择创建的"CD01"块，保存到指定文件夹中。

⑤ 插入块：根据图 4-2 所示要求插入块。

（5）按图 4-25 所示填写技术要求。

（6）填写标题栏，保存文件。

技术要求

1. 未注倒角C2。

2. 调质250~285HBS。

3. 棱角倒钝。

图 4-25　技术要求

任务评价

班级		姓名		学号	
项目名称					
评价内容	分值	自我评价（30%）	小组评价（30%）	教师评价（40%）评价内容	
定距环三维建模	15				
创建 4 个相等视口	5				
定距环的图样绘制	15				
标注尺寸	10				
标注表面结构	5				
填写标题栏和技术要求	10				
图线符合国家标准	10				
保存最佳状态	10				
与组员的合作交流	10				
课堂的组织纪律性	10				
总　分	100				
总　评					

任务拓展

一、绘制如图 4-26 所示三视图和三维图。

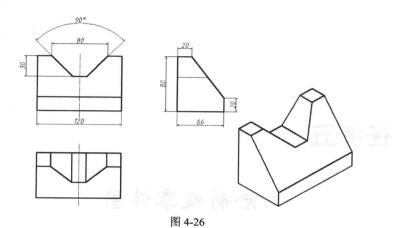

图 4-26

二、完成下列练习题。

1. 已知主俯视图，如图 4-27 所示，正确的左视图是（　　）。

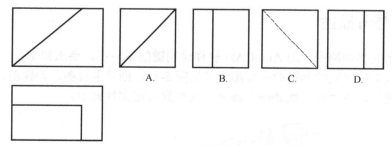

A.　　B.　　C.　　D.

图 4-27

2. 根据三视图，找出相应的轴测图，如图 4-28 所示在括号内填写相应的序号，并上补缺线。

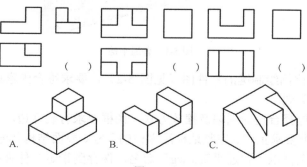

（　）　　　　（　）　　　　（　）

A.　　　　B.　　　　C.

图 4-28

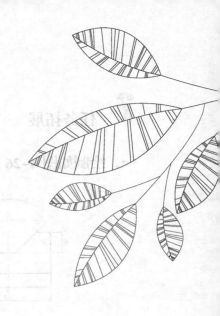

任务五

绘制键零件图

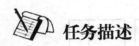 任务描述

根据给出的键轴测图，用 AutoCAD 软件绘制键的零件图，要求如下。

1. 按 1∶1 的比例绘制键的三维图形（见图 5-1），创建主视图、俯视图、左视图和西南视图 4 个视口，以"键三维.dwg"命名，保存到指定文件夹中。

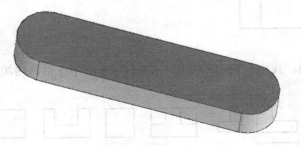

图 5-1 普通平键

2. 按 2∶1 的比例绘制键的零件图（见图 5-2），要求符合国家标准规定，图形表达正确，布局合理、美观。

（1）根据样图选择合适的图幅及摆放方式，图框要求有装订边。

（2）按国家标准要求正确、完整地标注零件的尺寸、表面结构代号，并填写技术要求。

（3）绘制完的图样以"普通平键.dwg"命名，保存到指定文件夹中。

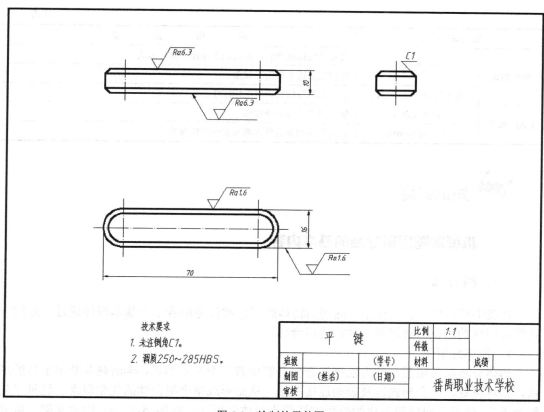

图 5-2　绘制的零件图

 学习目标

完成本项目后，应具备如下职业能力。

1．能准确判断出组合体的组合形式及表面连接关系。

2．会绘制组合体三视图，并正确标注尺寸。

3．能读懂键的标记及键连接图。

4．会查表确定键的各参数值。

5．能运用 AutoCAD 软件进行简单零件的实体建模，并能绘出简单组合体三视图。

 任务知识与技能分析

知识与技能点		评　价　目　标
制图知识	组合体	能叙述形体分析法的概念，判断出组合体的组合形式
		能说出组合体表面连接关系
		能绘制组合体三视图
		会标注简单组合体的尺寸

续表

知识与技能点		评 价 目 标
制图知识	键及键连接	会根据键标准查表，并认识各种键的图例形式
		能画出普通平键的三视图
	表面结构代号的标注	能说出表面结构符号的标注要点
CAD 知识	多线段命令	能运用多线段命令绘图
	编辑块的属性	能运用块的属性管理修改表面结构参数

 知识链接

 机械制图国家标准的基本内容

一、组合体

在我们平时生活、工作中，遇到的物体或零件常常是由若干个基本形体通过一定的方式组合而成的，我们将这种立体称为组合体。

1．形体分析法

形体分析法是用假想的方法把组合体分解成若干个基本形体，弄清楚各基本形体的形状、相对位置、组合形式以及表面连接关系，从而形成整个组合体的完整概念。这种"化整为零"，使复杂问题简单化的分析方法即为形体分析法。如图 5-3（a）所示支架，可分解为直立空心圆柱、底板、肋板和水平空心圆柱等 4 部分，如图 5-3（b）所示。

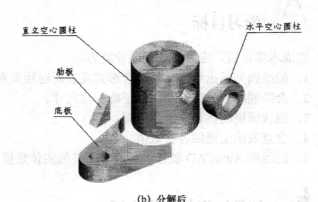

(a) 支架　　　　　　　　　　　　　　　　(b) 分解后

图 5-3　组合体

2．组合体的组合形式

组合体的组合形式通常有叠加式、切割式、综合式 3 类，如图 5-4 所示。图 5-4（a）是由 3 个基本体叠加而成的，图 5-4（b）是在一个基本体内切割而成的，图 5-4（c）是由多个被切割过的基本体叠加而成。单一的叠加式或切割式的组合体较少见，常见的为综合式。

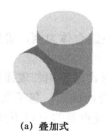
(a) 叠加式

(b) 切割式

(c) 综合式

图 5-4　组合体的组合形式

3. 组合体各表面的连接关系

在分析组合体时，各形体相邻表面之间的连接关系，按其表面形状和相对位置的不同可分为平齐、不平齐、相交和相切 4 种情况。连接关系不同，连接处投影的画法也不同。

（1）平齐。当两基本形体相邻表面平齐（即共面）时，相应视图中间应无分界线，如图 5-5 所示。

（2）不平齐。当两基本形体相邻表面不平齐（即不共面）时，相应视图中间应有线隔开，如图 5-6 所示。

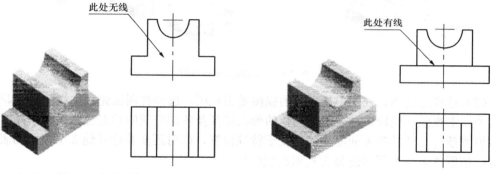

图 5-5　表面平齐　　　　　　　　　图 5-6　表面不平齐

（3）相交。当相邻两基本形体的表面相交时，在相交处会产生各种形状的交线，应在视图相应位置处画出交线的投影，如图 5-7 所示。

（4）相切。当相邻两基本形体的表面相切时，由于在相切处两表面是光滑过渡的，不存在明显的分界线，故规定在相切处不画分界线的投影，但底板的顶面投影应画到切点处，如图 5-8 所示。

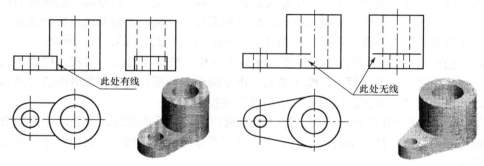

图 5-7　表面相交　　　　　　　　　图 5-8　表面相切

4．组合体三视图画法与步骤

画组合体三视图的基本方法是形体分析法。以图 5-9 所示轴承座组合体为例，说明画组合体的具体步骤。

（1）形体分析。将组合体分解成若干形体，并确定它们的组合形式以及相邻表面间的相互位置。由图 5-9（b）可以看出，轴承座可以看成是由 5 部分组合而成的，包括底座、水平圆筒、支承板、竖直圆筒、肋板。其中各部分表面间的相互位置较重要的有以下几种：底板的后表面与支承板的后表面共面；肋板两侧面与水平圆筒相交；竖直圆柱面与水平圆柱面相交（产生相贯线），竖直圆筒内孔与水平圆筒内孔相交（产生相贯线）；支承板与水平圆筒相切。

图 5-9　轴承座的形体分析

（2）选择主视图。视图中最主要的视图是主视图，选择视图应先从主视图开始。选择原则为：主视图应能较多地表达出物体的形状特征及各部分间的相对位置关系，并按自然安放位置放置，使其各表面能较多地处于特殊位置，同时还要兼顾其他 2 个视图的表达。所以，按图 5-9（a）所示选择主视图比较合理。

（3）选比例，定图幅。视图确定以后，要根据其大小和复杂程度，按国家标准规定选定作图比例和图幅。确定图幅大小时应考虑要有足够的地方画图、标注尺寸、画标题栏。一般情况下尽量选用原值比例 1∶1。

（4）作图。考虑 3 个视图的位置，应尽量做到布局合理、美观。

① 画基准线。画对称中心线、轴线及定位基准线，如图 5-10（a）所示。

② 画底稿。按形体分析法逐个画出各基本形体。首先从反映形状特征明显的视图画起，然后画其他 2 个视图，3 个视图配合进行。一般顺序是：先画整体，后画细节；先画主要部分，后画次要部分；先画大形体，后画小形体。分别依次绘制轴承座的底座、水平圆筒、支承板、竖直圆筒、肋板，如图 5-10（b）、（c）、（d）、（e）、（f）所示。

③ 检查。检查组成组合体的各基本体是否完整、准确地绘出。其次，检查各组合方式中相交的图线是否准确画出，既不多画，也不漏画。最后，检查各部分的投影关系是否正确，严格遵守"长对正，高不齐，宽相等"的投影规律。

④ 描深。底稿经检查无误后，按"先描圆和圆弧，后描直线；先描水平方向直线，后描铅垂方向直线，最后描斜线"的顺序，根据国家标准规定线型，自上而下、从左到右描深图线。

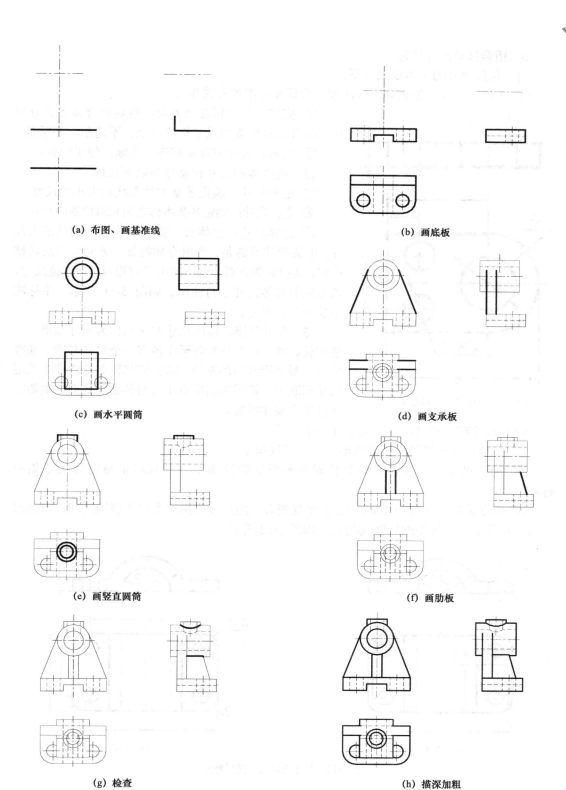

(a) 布图、画基准线

(b) 画底板

(c) 画水平圆筒

(d) 画支承板

(e) 画竖直圆筒

(f) 画肋板

(g) 检查

(h) 描深加粗

图 5-10　组合体视图作图步骤

5. 组合体的尺寸标注

（1）标注尺寸的基本要求如下。

① 正确。尺寸数值正确，标注要符合国家标准的有关规定。

② 完整。尺寸标注要齐全，确定组合体各部分形状大小及相对位置的尺寸标注完全，不遗漏，不重复。

③ 清晰。尺寸布置要整齐、清晰，便于阅读。

（2）组合体的尺寸种类分为以下几种。

① 定形尺寸：确定各基本体形状和大小的尺寸。

② 定位尺寸：确定各基本体之间相对位置的尺寸。

③ 总体尺寸：物体长、宽、高 3 个方向的最大尺寸。但需要注意的是，当组合体的某一方向具有回转结构时，其投影为圆弧，由于注出了定形尺寸、定位尺寸，该方向的总体尺寸不再注出。如图 5-11 所示，不标注总长和总宽尺寸。

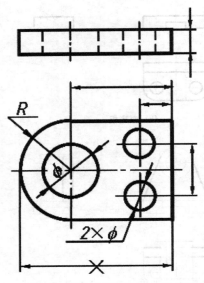

图 5-11　不标注总长和总宽尺寸

（3）尺寸基准。标注尺寸的起点称为尺寸基准。一般在长、宽、高 3 个方向至少各有一个尺寸基准。基准分为主要基准和辅助基准。辅助基准和主要基准必须用尺寸相联系。常用的基准有中心对称面、底面、主要端面以及主要轴线等。

（4）尺寸布置要求。标注尺寸时应注意以下几点。

① 定形尺寸应尽量注在反映形体特征的视图上。

② 定位尺寸尽量注在形体间位置关系明显的视图上，并且尽量与定形尺寸集中标注。

③ 应尽量标注在视图外面，与 2 个视图有关的尺寸应标注在有关视图之间，以免尺寸线、尺寸数字与视图的轮廓线相交，如图 5-12 所示。

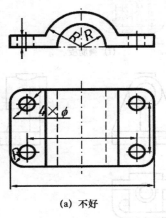

(a) 不好

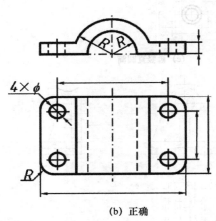

(b) 正确

图 5-12　尺寸应标注在视图外面

④ 同心圆柱的直径尺寸，最好注在非圆的视图上，如图 5-13 所示。

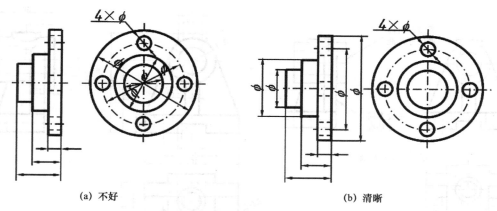

(a) 不好　　　　　　　　　(b) 清晰

图 5-13　直径尺寸的标注

⑤ 同方向并联尺寸，应按大小顺序排列，小尺寸在内，大尺寸在外，如图 5-14 所示。

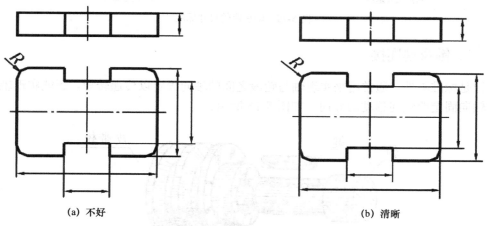

(a) 不好　　　　　　　　　(b) 清晰

图 5-14　并联尺寸的标注

⑥ 尽量避免在虚线上标注尺寸。

（5）标注尺寸的方法和步骤。标注组合体尺寸的基本方法是形体分析法，即先将组合体分解为若干个基本形体，选择尺寸基准，逐一注出各基本形体的定形尺寸和定位尺寸，最后考虑总体尺寸，并对已注的尺寸作必要的调整。下面以图 5-15 所示的轴承座为例，说明标注尺寸的方法和步骤。

① 形体分析。

② 确定尺寸基准。

③ 标注各形体的定形尺寸、定位尺寸。

④ 标注总体尺寸。

标注尺寸时一定要在形体分析的基础上，逐个标注每个形体的定形尺寸、定位尺寸，同时注意正确选择尺寸基准。最后标注总体尺寸时要注意调整，避免出现封闭的尺寸链。

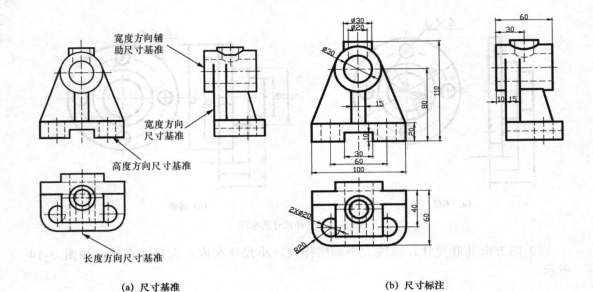

(a) 尺寸基准　　　　　　　　　(b) 尺寸标注

图 5-15　轴承座的尺寸标注

二、键及键连接

键是标准零件，通常用来实现轴与轮毂之间的轴向固定以传递转矩，还能实现轴上零件的轴向固定或轴向移动的导向，如图 5-16 所示。

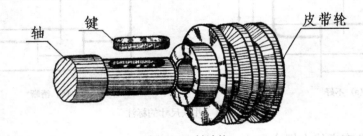

图 5-16　键连接

1. 常用键的型式及标记

常用的键有普通平键、半圆键和钩头楔键 3 种，如图 5-17 所示。表 5-1 列出了几种常用键的标准号、型式及标记示例。

(a) 普通平键　　　　　　(b) 半圆键　　　　　　(c) 钩头楔键

图 5-17　常用键

表 5-1　　　　　　　　　　　　键及其标记示例

名称（标准号）	图例	标记示例
普通平键 GB/T 1096—2003		$b=8$、$h=7$、$L=25$ 的普通平键（A 型） 标记为： GB/T 1096 键 8×7×25
半圆键 GB/T 1099.1—2003		$b=6$、$h=10$、$D=25$ 的半圆键 标记为： GB/T 1099.1 键 6×10×25
钩头楔键 GB/T 1565—2003		$b=18$、$L=100$ 的钩头楔键 标记为： GB/T 1565 键 18×100

2．键连接的画法

（1）普通平键连接和半圆键连接的画法。如图 5-18 所示，键的长度 L、宽度 b 和键槽的尺寸可根据轴的直径 d 从有关标准中选取。在绘制普通平键和半圆键连接时应注意以下问题。

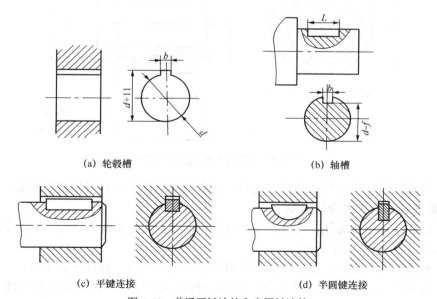

（a）轮毂槽　　　　　　　　　　　（b）轴槽

（c）平键连接　　　　　　　　　　（d）半圆键连接

图 5-18　普通平键连接和半圆键连接

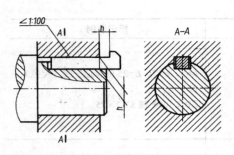

图 5-19　钩头楔键连接

① 键的两侧面与轴和键槽的侧面接触，应画一条线。

② 键的底面与轴槽底面接触，画一条线。

③ 键的顶面与轮毂槽顶面之间有间隙，画 2 条线。

④ 为了表达键在轴上的安装情况，轴采用局部剖视。当剖切平面通过轴和键的轴线时，轴和键均按不剖画出。

（2）钩头楔键连接的画法。钩头楔键的顶面有 1：100 的斜度，其工作面为键的顶面和底面，与键槽间没有间隙，画一条线；而键的侧面为非工作面，与轴槽和轮毂槽为间隙配合，画 2 条线。钩头楔键的画法如图 5-19 所示。

三、表面结构要求在图样中的标注

1．表面结构要求在图样中的标注基本原则

（1）表面结构要求在同一图样上每一表面只注一次（包括连续表面及重复要素），并尽可能标在相应尺寸及其公差的同一视图上。

（2）除非另有说明，所标注的表面结构要求是对完工零件表面的要求。

（3）表面结构符号的标注方向应与尺寸数字的方向一致，如图 5-20 所示。符号水平方向的标注水平向上书写。符号只能向左旋转并向左书写，不可向右旋转及向右书写，此时只能加指引线后水平书写。

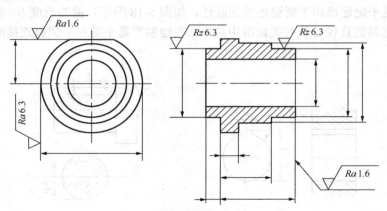

图 5-20　表面结构要求的注写方向

（4）直接标注在轮廓线或其延长线时，符号的尖端必须从材料外指向表面，并接触。

2．表面结构要求的标注示例

（1）标注在可见轮廓线、尺寸界线、引出线或它们的延长线上，并尽可能靠近有关尺寸线，如图 5-20、图 5-21 所示。

（2）标注在指引线上，指引线终端可以是箭头或小圆点，如图 5-21 所示。

（3）在不至于引起误解的情况下，表面结构要求可以标注在给定的尺寸线上，如图 5-22 所示。

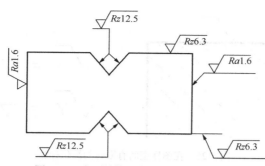

图 5-21　表面结构要求在轮廓线上的标注

（4）表面结构要求可以标注在形位公差框格的上方，如图 5-23 所示。

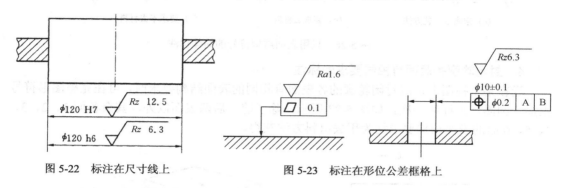

图 5-22　标注在尺寸线上

图 5-23　标注在形位公差框格上

3．表面结构要求的简化注法

（1）有相同要求的简化标注。大多数表面有相同表面结构要求时，可统一注在标题栏的附近。如图 5-24（a）所示，在圆括号内给出无任何其他标注的基本符号。如图 5-24（b）所示，在圆括号内给出已注出的表面结构要求，相当于老标准中的其余。

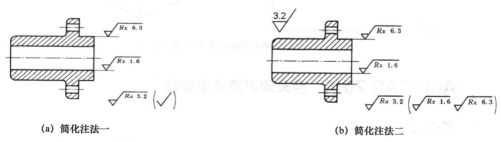

(a) 简化注法一

(b) 简化注法二

图 5-24　大多数表面有相同表面结构要求的简化注法

（2）用带字母的完整符号的简化标注。当大多数表面有相同的要求或图样空间有限时，可用带字母的完整符号，以等式的形式，在图形或标题栏附近，对有相同表面结构要求的表面进行简化标注，如图 5-25 所示。

（3）只用表面结构符号的简化标注。用基本符号或扩展符号，以等式的形式，在图形或标题栏附近，对多个有相同表面结构要求的表面进行简化标注，如图 5-26 所示。

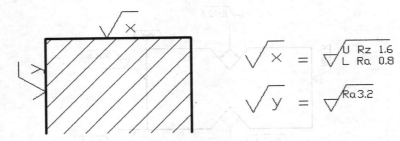

图 5-25　在图样空间有限时的简化标注

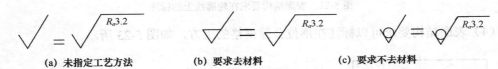

(a) 未指定工艺方法　　(b) 要求去材料　　(c) 要求不去材料

图 5-26　只用表面结构符号的简化标注

4．封闭轮廓各表面有相同要求的标注

当在某个视图上构成封闭轮廓的各表面有相同的表面结构要求时，可在完整图形符号上加一圆圈，只标注一次。如图 5-27 所示，除了前、后两表面以外，其余各面 1、2、3、4、5、6 面的表面结构要求均为用去材料方法获得。

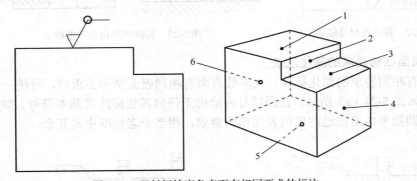

图 5-27　现封闭轮廓各表面有相同要求的标注

AutoCAD 2010　相关知识及基本操作

一、多段线

多段线是作为单个对象创建的相互连接的序列直线段。可以创建直线段、圆弧段或两者的组合线段，也可以是有宽度的图形对象。

1．二维多段线

① 菜单命令：选择"绘图"（D）|"多段线（P）"命令。

② 工具栏：单击"绘图"工具栏中的 按钮。

③ 命令行：PL（pline）。

执行命令后，AutoCAD 提示：

指定起点：（确定多段线的起始点）

当前线宽为 0.0000（说明当前的绘图线宽）

指定下一个点或［圆弧(A)/半宽(H)/长度(L)/放弃(U)/宽度(W)］：

（1）"圆弧"选项用于绘制圆弧。

（2）"半宽"选项用于指定多段线的半宽。

（3）"长度"选项用于指定所绘多段线的长度。

（4）"宽度"选项用于确定多段线的宽度。

如果先选用"圆弧"选项，输入 A 后，系统提示：

［角度(A)/圆心(CE)/闭合(CL)/方向(D)/半宽(H)/直线(L)/半径(R)/第二个点(S)/放弃(U)/宽度(W)］：

① 角度(A)：圆弧对应的角度。

② 方向(D)：圆弧起点的切线方向。

③ 直线(L)：由画圆弧转化为画直线。

2．编辑多段线

① 菜单命令：选择"修改"|"对象"|"多段线(P)"命令。

② 工具栏：单击"修改"工具栏的按钮⌒。

③ 命令行：PE（pedit）。

执行命令后，AutoCAD 提示：

选择多段线或［多条(M)］：

在此提示下选择要编辑的多段线，即执行"选择多段线"默认项，AutoCAD 提示：

输入选项［闭合(C)/合并(J)/宽度(W)/编辑顶点(E)/拟合(F)/样条曲线(S)/非曲线化(D)/线型生成(L)/反转(R)/放弃(U)］：

输入"J"回车后，再选择其他与之相连接的线段，选完后再输入"C"可使图形封闭。若本身是封闭的，输入"O"则打开。

操作过程：输入"PE"，选择任一线段，输入"Y"，输入"J"选择其他线段，回车。

二、编辑块的属性

1．修改属性定义

命令行：ddedit。

执行命令后，AutoCAD 提示：

选择注释对象或［放弃(U)］：

在该提示下选择属性定义标记后，AutoCAD 弹出图 5-28 所示的"编辑属性定义"对话框，可通过此对话框修改属性定义的属性标记、提示和默认值等。

图 5-28 "编辑属性定义"对话框

2．利用对话框编辑属性

方法 1：执行 eattedit 命令后，AutoCAD 提示：*选择块：*

方法 2：双击带属性的块

AutoCAD 弹出"增强属性编辑器"对话框，如图 5-29 所示（在绘图窗口双击有属性的块，也会弹出此对话框），可以对属性、文字选项等进行修改。

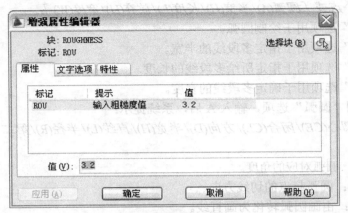

图 5-29 "增强属性编辑器"对话框

对话框中有"属性"、"文字选项"和"特性"3 个选项卡和其他一些项目。"属性"选项卡可显示每个属性的标记、提示和值，并允许用户修改值。"文字选项"选项卡用于修改属性文字的格式。"特性"选项卡用于修改属性文字的图层以及它的线宽、线型、颜色和打印样式等。

任务实施

一、绘制键的三维图形

1．准备工作
打开"建模"、"视口"等工具栏。

2．建模
（1）用多线段命令绘制图 5-30 所示的平面图形。
（2）选择"绘图"|"实体"|"拉伸"命令，输入拉伸高度，如图 5-31 所示。

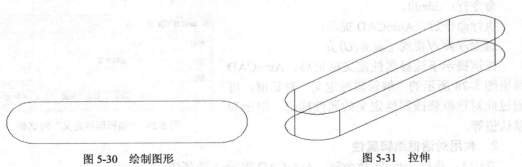

图 5-30　绘制图形　　　　　　　　　　　　　图 5-31　拉伸

（3）实体倒角，如图 5-32 所示。

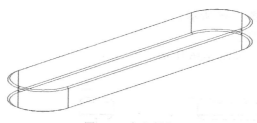

图 5-32　加入倒角

3. 视觉样式

选择真实样式，如图 5-33 所示。

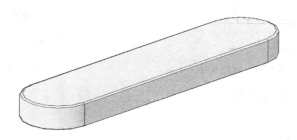

图 5-33　选择真实样式

4. 创建 4 个视口

创建主视图、俯视图、左视图和西南侧视图，如图 5-34 所示。

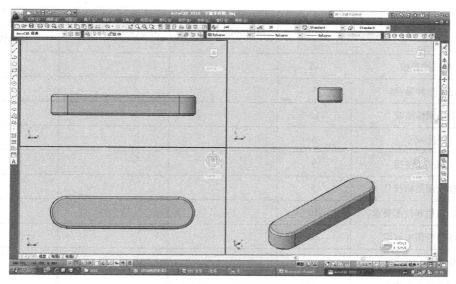

图 5-34　四种视图

二、绘制键的零件图

（1）调用样板 A4 文件"A4.dwt"。

（2）选择视图，按 1 ∶ 1 的比例绘制键的二维图形。

（3）标注尺寸，如图 5-35 所示。

（4）标注表面结构要求。

（5）标注技术要求，如图 5-36 所示。

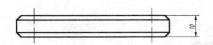

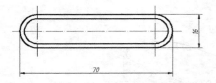

图 5-35　标注尺寸

技术要求.

1. 未注倒角C1。

2. 调质250~285HBS。

图 5-36　技术要求

（6）填写标题栏，保存文件。

 任务评价

班级		姓名		学号	
项目名称					
评价内容	分值	自我评价（30%）	小组评价（30%）	教师评价（40%）评价内容	
键三维建模	15				
创建 4 个相等视口	5				
键的图样绘制	15				
标注尺寸	5				
工具书的使用	5				
标注表面结构代号	5				
填写标题栏和技术要求	10				
图线符合国家标准	10				
保存最佳状态	10				
与组员的合作交流	10				
课堂的组织纪律性	10				
总　分	100				
总　评					

? 任务拓展

一、按1:1的比例绘制图5-37所示图形的三视图,并标注尺寸。

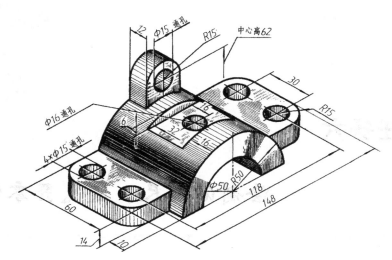

图 5-37 绘制的图形

二、完成下列练习题。

(一)填空题。

1. 组合体的组合形式有_____、_____、_____和_____4种基本形式。

2. 组合体的尺寸种类有_____、_____和_____。

3. 根据截平面与圆柱轴线的相对位置不同,截交线有3种形状:_____、_____、_____。

4. 组合体的尺寸标注必须_____、_____、_____。

5. 常见的键有_____、_____、_____。

6. 表面结构代(符)号尖端必须指在_____、_____上。

(二)判断题。

1. 键不是标准件。( )

2. 表面结构要求的参数值越小,表明零件表面光滑程度越低。( )

3. R_a 为轮廓算术平均偏差。( )

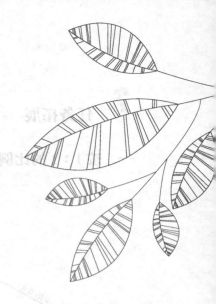

任务六

绘制油标尺、通气器零件图

Chapter 6

任务描述

根据给出的轴测图，用 AutoCAD 软件绘制油标尺、通气器，要求如下。

1. 按 1∶1 的比例绘制油标尺、通气器的三维图形（见图 6-1、图 6-2），创建主视图、俯视图、左视图和西南侧视图 4 个视口，分别以"油标尺三维.dwg"、"通气器三维.dwg"命名，保存到指定文件夹中。

图 6-1　油标尺

图 6-2　通气器

2. 按 2∶1 的比例尺绘制油标尺、通气器的零件图（见图 6-3、图 6-4），要求符合国家标准规定，图形表达正确，布局合理、美观。

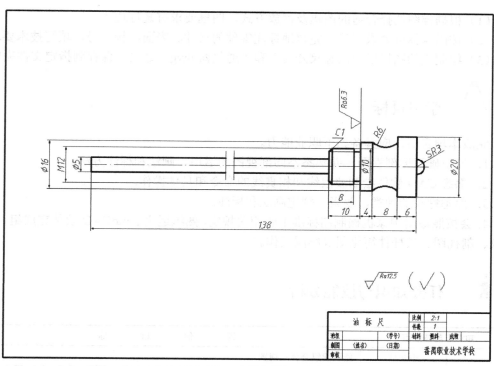

图 6-3　油标尺零件图

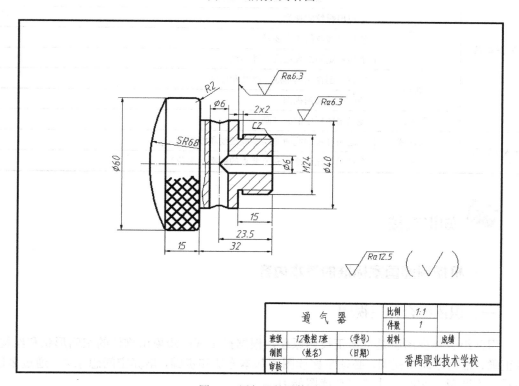

图 6-4　通气器的零件图

（1）根据样图选择合适的图幅及摆放方式，图框要求有装订边。

（2）按国家标准要求正确、完整地标注零件的尺寸、表面结构代号，填写技术要求。

（3）绘制完的图样以"油标尺.dwg"和"通气器.dwg"命名，保存到指定文件夹中。

 学习目标

完成本项目后，应具备如下职业能力。

1. 能正确识读剖视图，并熟悉不同剖视图的运用、画法和标注方法。

2. 熟悉 CAD 软件绘制波浪线和相贯线的命令和具体操作。

3. 熟悉螺纹的种类、要素、规定画法和标注。

4. 会按照最新国家机械制图标准中的相关规定，熟练运用 AutoCAD 软件完成组合体、螺纹、剖视图、长杆件简化图等绘图工作。

 任务知识与技能分析

知识点与技能点		评　价　目　标
制图知识	组合体	能识读组合体三视图
	螺纹	能描述出螺纹的形成和用途
		能说出螺纹的种类
		能说出螺纹的 5 大要素
		能用规定画法表达内、外螺纹
	剖视图	能叙述剖视图的形成、画法和标注
		能绘制局部剖视图
	断开画法	能指出图样中的断开画法
CAD 知识	样条曲线	能运用样条曲线命令绘制波浪线和相贯线
	填充	会使用填充命令填充所要求的图案（滚花）

 知识链接

 机械制图国家标准的基本内容

一、识读组合体三视图

识读组合体视图就是依据正投影原理，根据投影规律想象出物体的空间形状和结构。要正确、迅速地读懂视图，必须掌握读图的基本方法和步骤，培养空间想象力，通过多读，多看，不断反复实践，才能提高读图能力。

1. 识读组合体视图注意要点

（1）必须把几个视图联系起来看。

如图 6-5 所示，它们的主、俯视图均相同，而左视图不同，则其表达的物体形状就不相同。因此，看视图必须要几个视图结合起来看，才能正确地想象出该物体的形状。

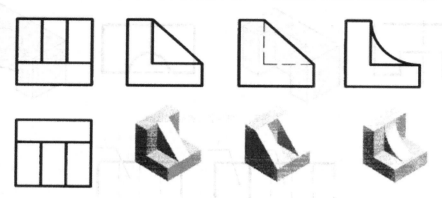

图 6-5　几个视图联系起来识图

（2）从反映形体形状特征和位置特征明显的视图看起。

主视图是反映组合体的形体特征和各形体间相互位置最多的一个视图。因此，一般从主视图入手。但有时组合体各部分的形状特征不一定都集中在主视图上，看图时要注意善于抓住反映形体形状和各部分相对位置特征明显的视图，才能准确、迅速地想象出物体的真实形状。在图 6-6 中，左视图是最能反映两部分位置特征的视图；在图 6-7 中，俯视图是最能反映形状特征的视图。

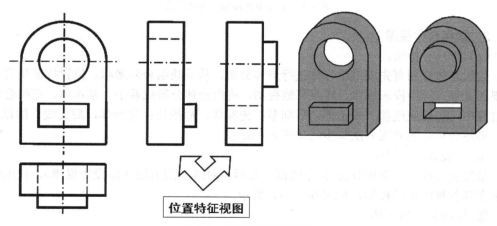

位置特征视图

图 6-6　位置特征明显视图

（3）明确视图中的线框和图线的含义。

视图中的每个线框，通常是物体上一个表面或通孔的投影，视图中的每条图线（粗实线或虚线）可能是平面或曲面的积聚性投影，也可能是物体表面上一条线的投影，如图 6-8 所示。必须将几个视图联系起来对照分析，才能明确视图中的线框和图线的含义。

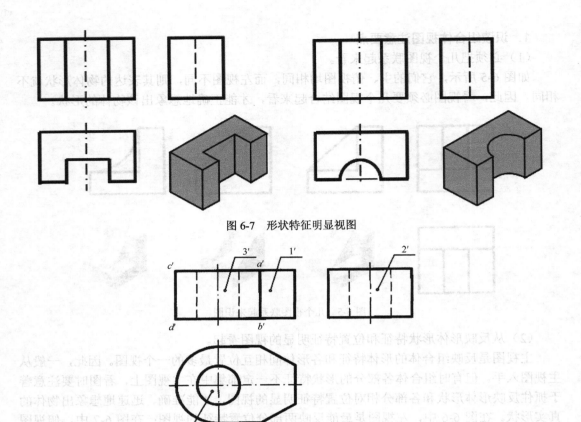

图 6-7　形状特征明显视图

图 6-8　视图中线框和图线的含义

2. 读组合体视图

（1）形体分析法。

读组合体视图首先应对组合体进行形体分析，从反映组合体形状、位置特征最明显的主视图着手，运用投影规律，对照其他视图，将组合体分解成若干个基本体。在组合体分解过程中，一般应遵循"先主体，后细节；先实体，后挖切；先形体，后交线"的原则。

形体分析法的看图方法和步骤如图 6-9 所示。

① 分线框，对投影。

根据粗实线将主视图分为 5 个线框，然后用对线条的方法（即投影规律），找出每个线框在其他视图中的投影，如图 6-9（a）所示。

② 按投影，想形体。

分析各部分的三面投影，想象其空间形状，如图 6-9（b）～（f)所示。

③ 综合看，想整体。

综合各基本体形状及相对位置，得出物体整体形状，如图 6-9（g）所示。

（2）线面分析法。

线面分析法是运用投影规律，用"分线框，对投影"的方法分析物体各表面的形状，从而想象出物体的整体形状。线面分析法尤其适用于以切割为主的立体。

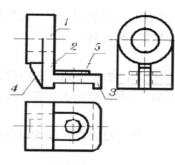

(a) 投影

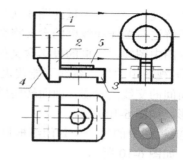

(b) 想象空间形状 1

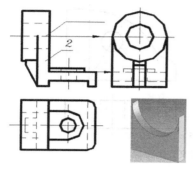

(c) 想象空间形状 2

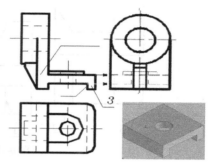

(d) 想象空间形状 3

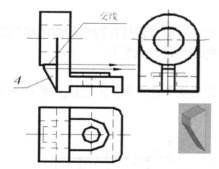

(e) 想象空间形状 4

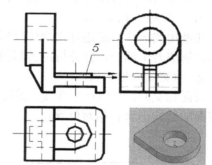

(f) 想象空间形状 5

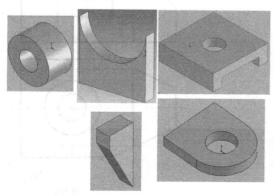
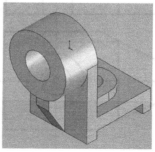

(g) 物体整体形状

图 6-9　形体分析法读图

在三视图中包含大量的图线（如粗实线、点划线、虚线等）和表示平面的封闭线框。正确了解这些图线和线框的含义将会帮助我们分析组合体的结构形状。

视图中图线、线框的投影含义如下。

① 视图中的每一条线可能代表表面与表面间交线的投影，如平面间、曲面间及平面与曲面间的交线的投影；曲面转向轮廓线在该方向的投影；具有积聚性表面在该投影面上的投影，如图 6-10 所示。

② 视图中的每一个封闭线框可能代表平面的投影、曲面的投影、孔洞或组合表面的投影，如图 6-10 所示。

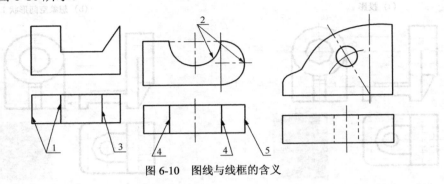

图 6-10　图线与线框的含义

线面分析法的看图方法和步骤如图 6-11 所示。

① 分线框，识面形。

在利用线面分析法进行组合体分析的过程中，应先根据组合体视图中的封闭线框将组合体分解成若干部分，并分析出各封闭线框所代表的表面的结构特性。

② 识交线，想形状。

表面相交时，必然产生交线。通过分析各交线的形状（直，曲）和位置,判断产生交线的表面的结构形状和相对位置。

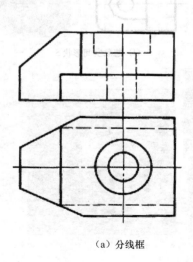

（a）分线框

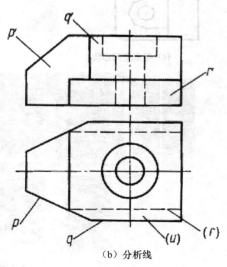

（b）分析线

图 6-11　线面分析法读图

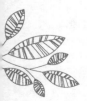

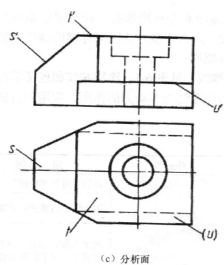

（c）分析面　　　　　　　　　　　（d）整体结构

图 6-11　线面分析法读图（续）

③ 综合起来想整体。

结合前面的分析，将所有的表面形状和表面间的相对位置综合起来，想象组合体的整体结构。通过分析可以想象出立体的空间结构形状，如图 6-11（d）所示。

二、螺纹

螺纹是在回转面上沿螺旋线所形成的具有相同剖面的连续凸起和沟槽。在圆柱或圆锥外表面上形成的螺纹称为外螺纹，在圆柱或圆锥内表面上形成的螺纹称为内螺纹。内、外螺纹旋合在一起，用来连接定位零件或传递动力。

1. 螺纹的形成及分类

（1）螺纹的加工。常见螺纹的加工方法有 2 种：一种是车削加工；另一种是用丝锥加工内螺纹（攻螺纹），用板牙加工外螺纹（套丝），如图 6-12 所示。

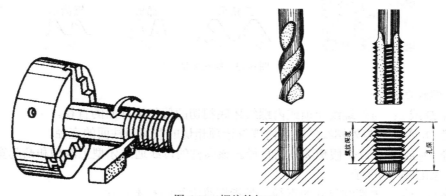

图 6-12　螺纹的加工

（2）螺纹的种类。

依据划分标准的不同，螺纹可分为如下种类。

① 按标准化程度划分分为标准螺纹、特殊螺纹和非标准螺纹。标准螺纹是指牙型、公称直径和螺距 3 个要素均符合国家标准的螺纹。只有牙型符合国家标准的螺纹称为特殊螺纹。凡牙型不符合国家标准的螺纹称为非标准螺纹。

② 按螺纹的用途划分分为连接螺纹和传动螺纹，见表 6-1。连接螺纹起连接零件的作用，常用的有普通螺纹、管螺纹等；传动螺纹起传递运动和动力的作用，常用的有梯形螺纹、锯齿形螺纹等。

表 6-1　　　　　　　　　常用标准螺纹

螺 纹 种 类		特征代号	外形图	用　　　途
联接螺纹	普通螺纹 粗牙	M	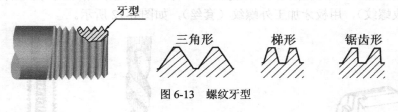	是最常用的连接螺纹
	普通螺纹 细牙			用于细小的精密或薄壁零件
	管螺纹	G		用于水管、油管、气管等薄壁管子，用于管路的连接
传动螺纹	梯形螺纹	Tr		用于各种机床的丝杠，做传动用
	锯齿形螺纹	B		只能传递单方向的动力

2. 螺纹各部分名称及要素

螺纹的要素有：牙型、直径、螺距、线数及旋向等。

（1）螺纹的牙型。

在通过螺纹轴线的剖面上，螺纹的轮廓形状称为牙型。常用的牙型有三角形、梯形和锯齿形等，如图 6-13 所示。

图 6-13　螺纹牙型

（2）螺纹直径。

大径 D 或 d：与外螺纹牙顶或内螺纹牙底相切的假想圆柱面的直径。

小径 D_1 或 d_1：与外螺纹牙底或内螺纹牙顶相切的假想圆柱面的直径。

中径 D_2 或 d_2：一个假想圆柱的直径。该圆柱的母线通过牙型上沟槽和凸起宽度相等的地方。如图 6-14 所示。

公称直径是代表螺纹尺寸的直径，是指螺纹大径的基本尺寸。

（3）螺纹线数。

沿一条螺旋线形成的螺纹叫做单线螺纹；沿 2 条或 2 条以上在轴向等距分布的螺旋线所形成的螺纹叫做多线螺纹，如图 6-15 所示。

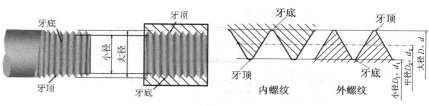

图 6-14　螺纹直径

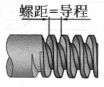

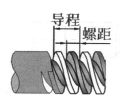

单线螺纹：$P=Ph$　　　　多线螺纹：$P=Ph/n$

图 6-15　螺纹、螺距和导程

（4）螺距 P 和导程 Ph。

螺纹上相邻两牙在中径线上对应两点之间的轴向距离 P 称为螺距。同一条螺纹上相邻两牙在中径线上对应两点之间的轴向距离 Ph 称为导程，$Ph=nP$。

（5）螺纹旋向。

螺纹的旋向是指螺旋线在圆柱或圆锥等立体表面上的绕行方向，有右旋和左旋 2 种，工程上常采用右旋螺纹。螺纹的旋向可以根据螺纹旋进、旋出的方向来判断。按顺时针方向旋入的螺纹称为右旋螺纹，按逆时针方向旋入的螺纹称为左旋螺纹，如图 6-16 所示。

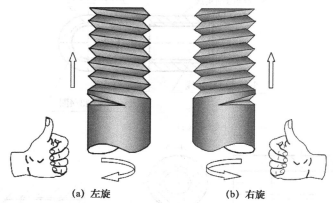

(a) 左旋　　　　　　(b) 右旋

图 6-16　旋向

注意：只有上述各要素完全相同的内、外螺纹才能旋合在一起。

3. 螺纹的规定画法

（1）外螺纹的画法。

如图 6-17（a）所示，在平行于螺纹轴线的视图中，螺纹的牙顶（大径）用粗实线绘制；牙底（小径）可取大径的 0.85 倍，用细实线绘制，并画到螺杆的倒角或倒圆部分；螺纹终止线用粗实线绘制。在垂直于螺纹轴线的视图中，大径用粗实线绘制，小径用细实线绘制约 3/4 圈圆，螺杆端面的倒角圆不需画出。

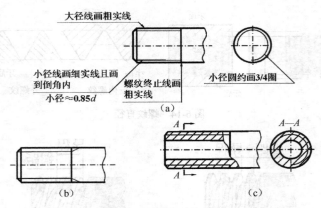

图 6-17　外螺纹画法

　　在绘制外螺纹时，一般不需绘制螺纹的收尾部分，必要时可以用与螺纹轴线成 30°角的细实线绘制，如图 6-17（b）所示。在剖视图中，剖面线都必须画到粗实线，如图 6-17（c）所示。

　　（2）内螺纹的画法。

　　如图 6-18 所示，当对螺纹孔作剖视时，在平行于螺纹轴线的视图中，牙顶（小径）及螺纹终止线用粗实线绘制；牙底（大径）用细实线绘制。在垂直于螺纹轴线的视图中，小径用粗实线绘制；大径用细实线绘制约 3/4 圈圆，不画螺纹孔口的倒角圆。

　　对于非通孔螺纹的画法，可按图 6-18（c）所示的形式绘制，其中锥角为 120°。

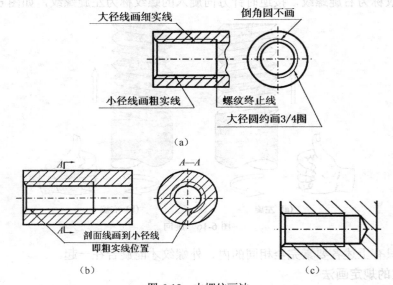

图 6-18　内螺纹画法

三、剖视图

　　当机件的内部形状较复杂时，视图上将出现许多虚线，不便于看图和标注尺寸。这时候通常采用剖视图表达。

1. 剖视图的概念

（1）剖视图的形成。假想用一剖切面将机件剖开，移去剖切面和观察者之间的部分，将其余部分向投影面投射，并在剖面区域内画上剖面符号，如图 6-19（a）所示。

（2）剖视图的画法。

① 确定剖切平面的位置。剖切面一般应与某投影面平行，并应通过零件内部孔、槽的轴线或对称面。

② 内、外轮廓要画齐。剖切平面选定后，按选定投影方向为相应留下部分画出投影图，如图 6-19（b）所示。此时，变原来的不可见为可见，即虚线变为实线；剖切平面后面的可见部分要全部画出，不能少画；剖切方法是假想的，因此未剖切到的其他视图，应该画出完整的图形，而不能只画一半。

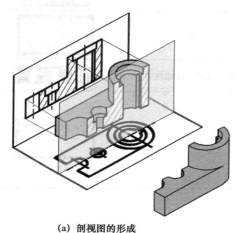
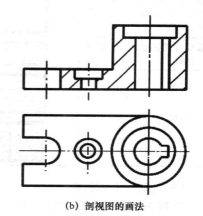

(a) 剖视图的形成　　　　　　　　　　　　　　　(b) 剖视图的画法

图 6-19　剖视图

③ 画剖面符号。在剖视图中，剖切面与机件的接触部分（称剖面区域）要画上剖面符号。国家标准（GB 4457.5—1984）规定的机械制图中各类材料的剖面符号见表 6-2。

金属材料的剖面符号（或剖面线）用与主轮廓或剖面区域的对称线成 45°角的细实线绘制，如图 6-20 所示。

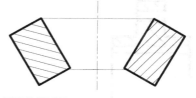

图 6-20　剖面符号画法

同一物体的各个剖面区域，其剖面线的画法应一致。当画出的剖面线与图形的主要轮廓线或剖面区域的轴线平行时，该图形的剖面线应画成与水平成 30°或 60°角，但其倾斜方向与其他图形的剖面线一致。

表6-2　　　　　　　剖面符号（GB 4457.5—1984）

剖面	符号	剖面	符号
金属材料（已有规定剖面符号者除外）		木质胶合板	
线圈绕组元件		基础周围的泥土	
转子、电枢、变压器和电抗器等的迭钢片		混凝土	
非金属材料（已有规定剖面符号者除外）		钢筋混凝土	
型砂、填砂、粉末冶金、砂轮、陶瓷刀片、硬质合金刀片等		砖	
玻璃及供观察用的其他透明材料		格网（筛网、过滤网等）	
木材 纵剖面		液体	
木材 横剖面			

（3）剖视图的标注。

剖视图标注的内容包括以下几部分。

① 剖切符号。指示剖切面起、迄和转折位置（用粗短画表示）的符号。

② 箭头。用箭头表示投影方向。

③ 字母。在剖切符号处应用相同的大写字母标出，并在相应的剖视图上方标注相同的字母"×-×"，如图6-21中的"*A-A*"，以便对照看图。一个机件同时有几个剖视图时，则名称应用不同字母按顺序书写，不得重复。

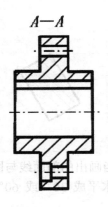

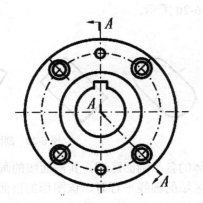

图6-21　剖视图的标注

若遇下列情况，剖视图的标注可省略或简化。

① 当剖视图按投影关系配置，中间又没有其他图形隔开时，可省略箭头。

② 当单一剖切平面通过机件的对称平面或基本对称平面时，且剖视图按投影关系配置，中间又没有其他图形隔开时，可省略标注，如图 6-19（b）中可省略标注。

2．局部剖视图

用剖切平面局部地剖开机件所得到的剖视图，称为局部剖视图，如图 6-22 所示。

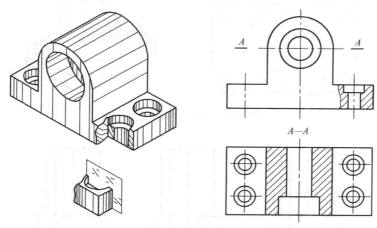

图 6-22　局部剖视图示例一

（1）局部剖视图适用范围如下。

① 只有局部内形需要剖切表示，而又不宜采用全剖视时，如图 6-23 所示。

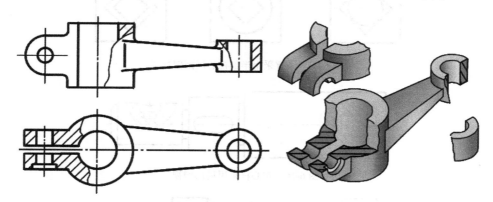

图 6-23　局部剖视图示例二

② 当不对称物体的内、外部形状都需要表达，常采用局部剖视图，如图 6-24 所示。

③ 当对称机件的轮廓线与中心线重合，不宜采用半剖视时，如图 6-25 所示。

④ 上有孔、槽时，应采用局部剖视，如图 6-26 所示。

（2）画局部剖视图应注意如下几点。

① 局部剖视和视图之间用波浪线分界，波浪线不应与图样上的其他图线重合，如图 6-27 所示。

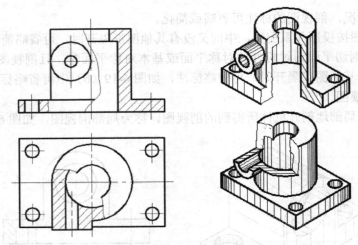

图 6-24　局部剖视图示例三

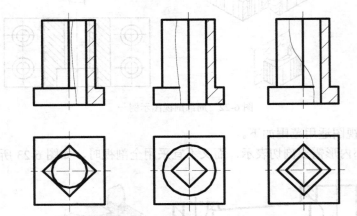

图 6-25　不宜采用半剖视的局部剖视图

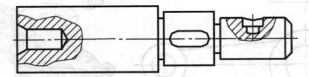

图 6-26　实心杆采用局部剖视

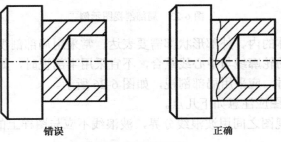

错误　　　　　　　　　正确

图 6-27　波浪线画法一

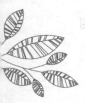

② 波浪线只能画在物体表面的实体部分，不得穿越孔或槽（应断开），也不能超出视图之外，如图 6-28 所示。

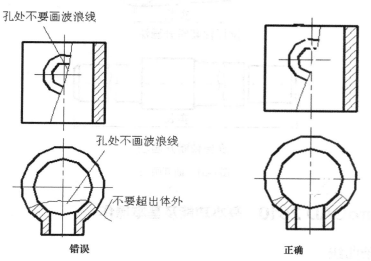

图 6-28　波浪线画法二

③ 当被剖结构为回转体时，允许将其中心线作局部剖的分界线，如图 6-29 所示。

④ 当剖切平面的位置不明显或剖视图不在基本视图位置时，应标注剖切符号、投射方向和局部剖视图的名称，如图 6-30 所示。

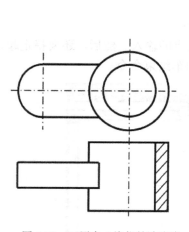

图 6-29　可用中心线代替波浪线

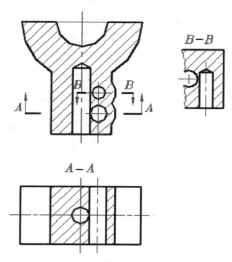

图 6-30　局部剖视图的标注

四、较长杆件的断开画法

轴、杆类较长的机件，当其沿长度方向形状相同或按一定规律变化时，可断开后缩短绘制，允许断开画出。标注尺寸时，仍注实长，如图 6-31 所示。

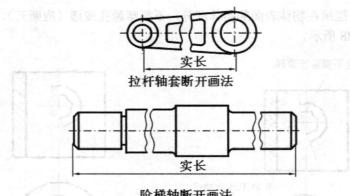

拉杆轴套断开画法

阶梯轴断开画法

图 6-31 断开画法

 AutoCAD 2010 基本功能及基本操作

一、样条曲线

样条曲线是经过或接近一系列给定点的光滑曲线。可运用样条曲线命令来绘制局部剖面图中的波浪线。

① 菜单命令：选择"绘图"|"样条曲线"命令，如图 6-32 所示。

② 工具栏：单击"绘图"工具栏"样条曲线"按钮～。

③ 命令行：SPL（spline）。

执行命令后，命令行提示：

指定下一点或〔闭合(C)/拟合公差(F)〕<起点切向>：

操作方法：依次指定曲线要通过的点，回车，结束点的输入。然后，还要指定起、讫点切线方向。如果不需要确定切线方向，可连续三次回车结束命令。

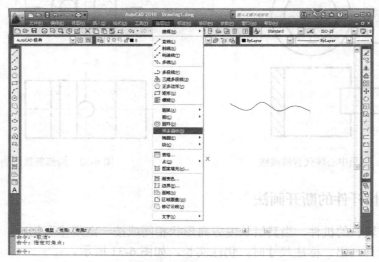

图 6-32 样条曲线

二、填充

用指定的图案填充指定的区域。

① 菜单命令：选择"绘图"|"图案填充"命令。

② 工具栏：单击"绘图"工具栏"图案填充"按钮。

③ 命令行：BH，H［bhatch］。

执行命令后，AutoCAD 弹出图 6-33 所示的"图案填充和渐变色"对话框。

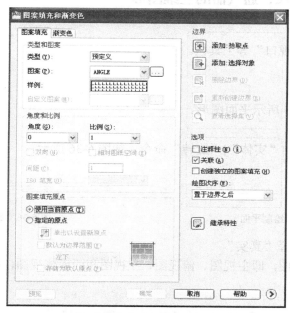

图 6-33 "图案填充和渐变色"对话框

（1）选择剖面线。

① 在"图案（P）"列表框中单击选择"ANSI31"。

② 在"样例"显示框中单击或者单击"图案（P）"文本框右边的按钮，打开"填充图案选项板"对话框，如图 6-34 所示。点选"ANSI"标签，选中"ANSI31"图案。

（2）确定角度。角度数值为 0 时，剖面线倾斜角度为 45°；数值为 90 时，剖面线倾斜方向相反。

（3）确定比例。根据填充区域选择合适的比例。

（4）确定填充区域。

① 单击"拾起点"按钮，在图形中要画剖面线的区域内任意一点单击鼠标左键，回车后返回对话框。

图 6-34 "填充图案选项板"对话框

② 单击"选择对象"按钮，在图形中选择填充边界线，回车后返回对话框。

提示：

一般选用第一种"拾取点"方法。填充边界必须是封闭的。

任务实施

一、绘制油标尺、通气器的三维图形

1. 准备工作

打开"建模"、"视口"等工具栏。

2. 绘制油标尺

（1）建模。

① 绘制如图 6-35 所示平面图形。

② 创建面域。

③ 选择"绘图"|"实体"|"旋转"命令，如图 6-36 所示。

图 6-35　绘制平面　　　　　　　　　　　　　　图 6-36　旋转平面

（2）视觉样式选择"真实"。

（3）创建 4 个视图，即主视图、俯视图、左视图和西南侧视图，如图 6-37 所示，保存到指定文件夹。

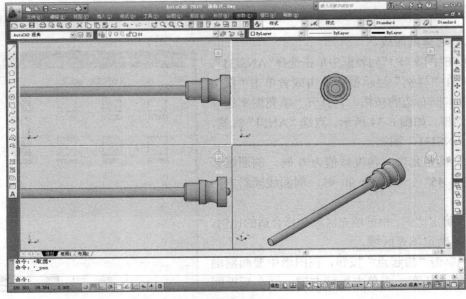

图 6-37　创建四视图

3．绘制通气器

（1）建模。

① 绘制如图 6-38 所示平面图形。

② 创建面域。

③ 选择"绘图"｜"实体"｜"旋转"命令，如图 6-39 所示。

图 6-38　绘制平面

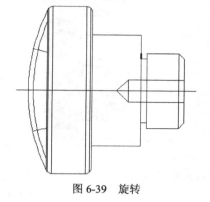

图 6-39　旋转

（2）绘制直径为 6 mm，高度为 40 mm 的圆柱，如图 6-40 所示。

（3）移动直径为 6 mm 的圆柱，进行差集运算。

（4）视觉样式选择"真实"，如图 6-41 所示。

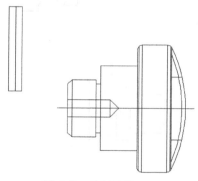

图 6-40　绘制圆柱

图 6-41　设置样式

（5）创建 4 个视口图，即主视图、俯视图、左视图和西南侧视图，保存到指定文件夹，如图 6-42 所示。

二、绘油标尺、通气器的零件图

1．调用样板

调用样板 A4 文件"A4.dwt"。

2．绘油标尺的零件图

（1）选择视图，按 1：1 的比例绘制油标尺的二维图形，再用"缩放"命令放大到 2：1，如图 6-43 所示。

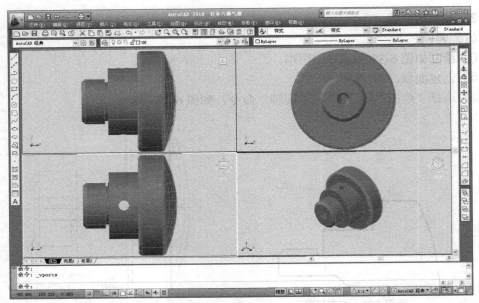

图 6-42　创建 4 个视图

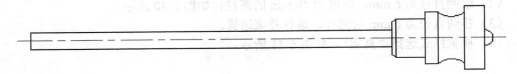

图 6-43　绘制平面

（2）杆件采用简化画法，如图 6-44 所示。

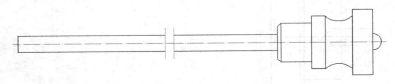

图 6-44　旋转

（3）绘制外螺纹及螺纹退刀槽，如图 6-45 所示。

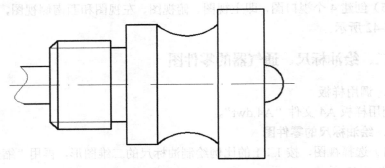

图 6-45　绘制外螺纹及螺纹退刀槽

（4）标注尺寸。

（5）标注表面结构代号。

（6）填写标题栏，保存文件。

3．绘通气器的零件图

（1）选择视图，按 1∶1 的比例绘制通气器的二维图形，再用"缩放"命令放大到 2∶1，如图 6-46 所示。

（2）绘制局部剖视图，如图 6-47 所示。

（3）绘制外螺纹，如图 6-48 所示。

（4）填充剖面线、填充滚花，如图 6-49 所示。

（5）标注尺寸。

（6）标注表面结构代号，如图 6-50 所示。

（7）填写标题栏，保存文件。

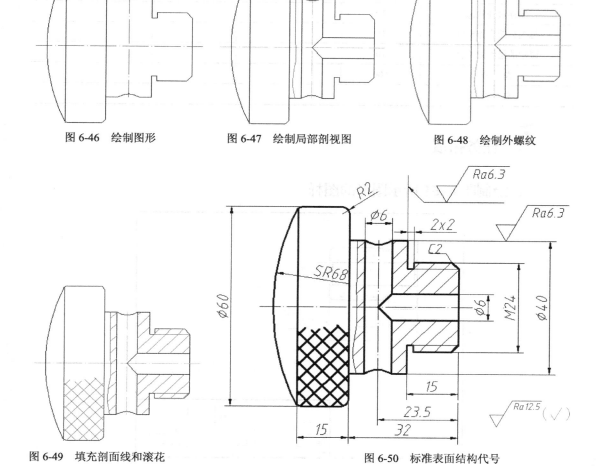

图 6-46　绘制图形　　　图 6-47　绘制局部剖视图　　　图 6-48　绘制外螺纹

图 6-49　填充剖面线和滚花　　　　图 6-50　标准表面结构代号

任务评价

班级			姓名		学号	
项目名称						
评价内容	分值		自我评价（30%）	小组评价（30%）	教师评价（40%）评价内容	
三维建模	15					
创建 4 个相等视口	5					
图样绘制	15					
标注尺寸	5					
工具书的使用	5					
标注表面结构代号	5					
填写标题栏和技术要求	10					
图线符合国家标准	10					
保存最佳状态	10					
与组员的合作交流	10					
课堂的组织纪律性	10					
总　分	100					
总　评						

任务拓展

一、绘制图 6-51 所示图形的图样。

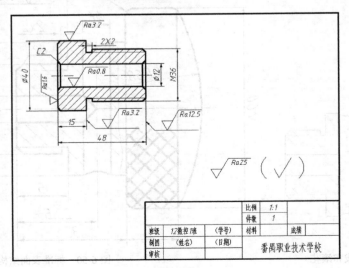

图 6-51

二、完成下列练习题。

1. 分析图 6-52 所示剖视图中的错误，在右边作出正确的剖视图。
2. 将图 6-53 所示主视图画成局部剖视图。

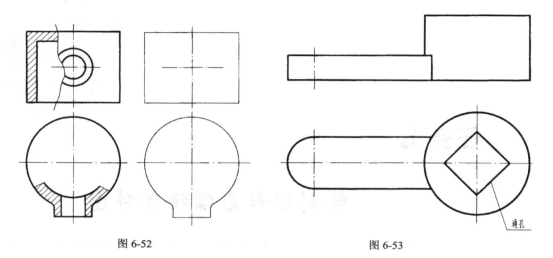

图 6-52   图 6-53

3. 图 6-54 是圆柱外螺纹的 4 种左视图，在你认为正确的图形下方打"√"。

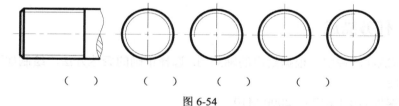

（   ）   （   ）   （   ）   （   ）

图 6-54

4. 除管螺纹外，通常所说的螺纹公称直径是指（   ）的基本尺寸。

A．螺纹大径   B．螺纹中径   C．螺纹小径

5. 按现行的螺纹标准 DB/T5796.4—2005，标注 Tr40—7H 中，符号 Tr 表示（   ）。

A．梯形螺纹特征代号   B．锯齿形螺纹特征代号   C．普通螺纹特征代号

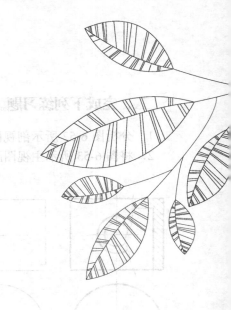

任务七

绘制螺母与螺栓零件图

Chapter 7 ——————

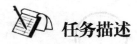 **任务描述**

在 AutoCAD 软件中，根据给出的轴测图，选择正确的表达方法，绘制如下规格螺母、螺栓的零件图。

规格：螺母 GB/T 6170—2000 M10

螺栓 GB/T 5782—2000 M10×80

绘图具体要求如下。

1. 用简化画法按 1∶1 的比例绘制螺母与螺栓的三维图形（见图 7-1），创建主视图、俯视图、左视图和西南侧视图 4 个视口，分别以"螺母三维.dwg"、"螺栓三维.dwg"命名，保存到指定文件夹中。（螺纹部分可以根据知识掌握情况以圆柱面代替。）

2. 通过查表，按指定比例，绘制螺母与螺栓的零件图（见图 7-2、图 7-3），要求符合国家标准规定，图形表达正确，布局合理、美观。

（1）根据样图选择合适的图幅及摆放方式。

（2）按国家标准要求标注尺寸和螺纹代号。

（3）绘制完的图样以"螺母.dwg"和"螺栓.dwg"命名，保存到指定文件夹中。

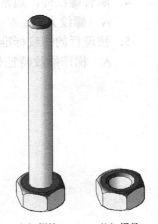

　　（a）螺栓　　　　（b）螺母

图 7-1　螺母与螺栓的三维模型

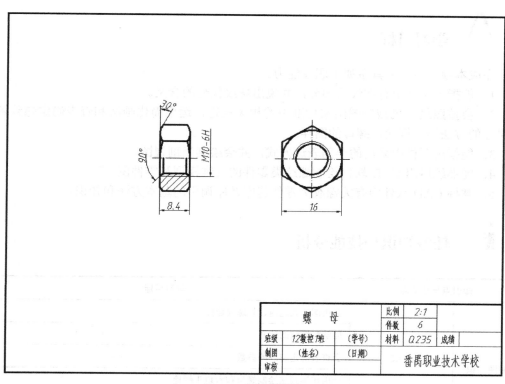

图 7-2　螺母零件图

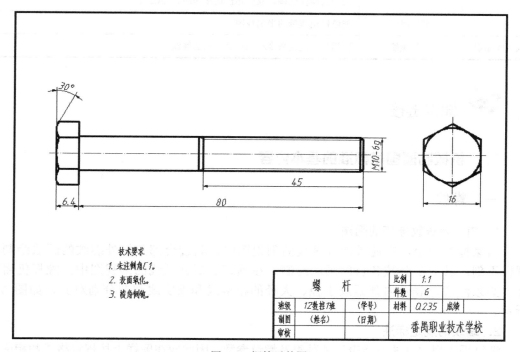

图 7-3　螺栓零件图

学习目标

完成本项目后，应具备如下职业能力。

1. 能指出图样中有螺纹的部分，并说出螺纹代号的含义。

2. 会按照最新机械制图国家标准中的相关规定，运用简化画法和查表确定螺纹各部分尺寸的方法绘制螺栓、螺母的图样。

3. 能指出图样中采用的半剖表达方式，并会绘制半剖视图。

4. 能熟练运用 CAD 软件绘制螺纹类零件的三维模型和零件图。

5. 掌握 CAD 软件中有关螺纹类零件建库及库调用的基本方法和知识。

 任务知识与技能分析

知识点与技能点		学习目标
制图知识	螺纹	会用图样表达内、外螺纹连接
		能解释螺纹的代号
		会查表确定螺纹的参数
		会用比例画法绘制螺母和六角头螺栓
		会识读螺栓连接、双头螺柱连接和螺钉连接图
	半剖视图	能绘制出螺母的半剖视图
CAD 知识	创建螺纹	会运用螺旋线命令和扫掠命令创建螺纹

 知识链接

 机械制图国家标准的基本内容

一、螺纹

1. 内、外螺纹连接的画法

国家标准规定，在通过螺纹轴线的剖视图中，其旋合部分按外螺纹的画法绘制，螺杆不剖。其他部分按各自的画法绘制。在垂直于螺杆轴线的剖视图中，螺杆仍需剖视。必须注意，表示内外螺纹小径、大径的粗实线和细实线都要分别对齐，如图 7-4 所示。

2. 螺纹的规定标注

螺纹采用规定画法不能表达其种类及螺纹参数，因此应在图样上按规定格式和相应代号进行标注。

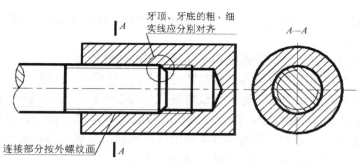

图 7-4　内、外螺纹连接的画法

（1）普通螺纹的标注。

普通螺纹的完整标注由螺纹代号（包括特征代号、公称直径、螺距、旋向）、螺纹公差带代号和旋合长度代号等部分组成，各代号之间用"—"隔开。格式为：

$$\boxed{\text{特征代号}}\,\boxed{\text{公称直径}}\times\boxed{\text{螺距}}\text{-}\boxed{\text{公差带代号}}\text{-}\boxed{\text{旋合长度代号}}\text{-}\boxed{\text{旋向}}$$

① 粗牙螺纹的螺距省略不注。

② 螺纹公差带代号由 2 项公差带代号组成，前一项表示螺纹中径公差，后一项表示顶径公差，当中径与顶径公差带代号完全相同时，则只需标注一个代号，代号字母大写表示内螺纹公差，小写表示外螺纹公差。

③ 螺纹旋合长度代号用 S、N、L 分别表示旋合长度较短、中等及较长 3 种，其中 N 应省略。

④ 旋向为右旋时不标，左旋时用 LH 注明。

示例 1：图 7-5（a）中螺纹参数为，普通螺纹、公称直径 20 mm，螺距 2 mm，细牙，外螺纹中径公差带代号 5g，顶径公差带代号为 6g，短旋合长度，左旋。

示例 2：图 7-5（b）中螺纹参数为，普通螺纹、公称直径 20mm，粗牙，内螺纹中径和顶径公差带代号 7H，中等旋合长度，右旋。

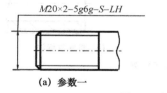

M20×2–5g6g–S–LH　　　　　　*M20–7H*

（a）参数一　　　　　　（b）参数二

图 7-5　螺纹标注示例一

（2）梯形螺纹和锯齿形螺纹。

其标记与普通螺纹代号相似，也是由螺纹代号、公差带代号、旋合长度代号 3 部分组成的，其格式为：

$$\boxed{\text{特征代号}}\,\boxed{\text{公称直径}}\times\boxed{\text{导程（\emph{P}螺距）}}\,\boxed{\text{旋向}}\text{-}\boxed{\text{公差带代号}}\text{-}\boxed{\text{旋合长度代号}}$$

① 梯形螺纹特征代号为 Tr，锯齿形螺纹特征代号为 B。

② 当为双头或多头螺纹时，应注明导程。

③ 螺纹的公差带代号只指中径的公差带代号。

④ 螺纹的旋合长度代号只有长（L），中等（N）2 组。

示例 3：标注为"Tr40×14(P7)—7H—L"的螺纹参数为，梯形螺纹，公称直径 40 mm，导程 14mm，螺距 7mm，双线，右旋，中径公差带代号 7H，长旋合长度。

（3）管螺纹。

管螺纹分为用螺纹密封的管螺纹和非螺纹密封的管螺纹 2 种。

用螺纹密封的管螺纹的标记为： 螺纹特征代号 尺寸代号 旋向

非螺纹密封的管螺纹的标记为： 螺纹特征代号 尺寸代号 公差等级 旋向

① 用螺纹密封的管螺纹中：锥管外螺纹的特征代号为 R，锥管内螺纹的特征代号为 R_c，圆柱内螺纹为 R_p。如尺寸代号为 3/4 的用螺纹密封的锥管内螺纹标记为 Rc3/4。

② 当螺纹为左旋时，应注上"LH"，右旋不注。

③ 非螺纹密封的管螺纹的特征代号为 G。公差等级代号只有外螺纹需要标注，分为 A、B 两级，内螺纹不标注。如尺寸代号为 1/2、公差等级为 A 的外螺纹的标记为 G1/2A。

④ 因两种螺纹只有一种公差带，故不注公差带代号。

⑤ 标记中尺寸代号无单位，不要误认为以英寸或毫米为单位。

（4）内外螺纹连接。

当内外螺纹连接在一起时，它们的公差带代号用斜线隔开。斜线之左表示内螺纹公差，斜线之右表示外螺纹公差，如 M20×2-6H/6g。

（5）螺纹代号在图样上的标注。

① 公称直径以 mm 为单位的螺纹，其标记应直接注在大径的尺寸线上或其延长线上。

② 管螺纹的标记一律注在大径处的引出线上（投影面与螺纹轴线平行）或对称中心处引出线上（投影面与螺纹轴线垂直）。

常用螺纹的标注如图 7-5、图 7-6 所示。

(a) 梯形螺纹标注　　　　　　(b) 管螺纹标注

图 7-6　螺纹标注示例二

3．螺纹紧固件及其连接

常用的螺纹紧固件有：螺栓、螺钉、螺柱、螺母和垫圈等。由于这类零件都是标准件，通常只需用简化画法画出它们的装配图，同时给出它们的规定标记。

（1）螺纹紧固件的画法。

绘制螺纹紧固件，一般只需根据螺纹的公称直径，按比例近似地画出，也可以从相应的标准中查出各部分尺寸画出。常用螺纹紧固件的比例画法如图 7-7 所示。

（2）螺纹连接的画法。

在画螺纹连接图时，应遵守如下的基本规定。

a．两零件的接触面画一条线，非接触表面画两条线。

b．相邻 2 个零件的剖面线方向相反，或者方向一致、间隔不等。

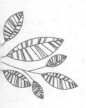

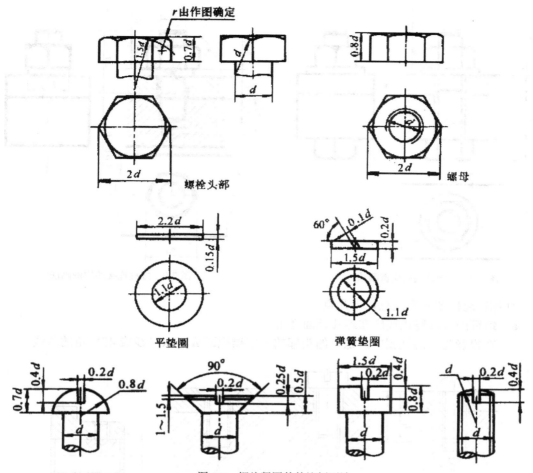

图 7-7　螺纹紧固件的比例画法

c. 当剖切平面通过紧固件和实心零件（如螺钉、螺栓、螺母、垫圈、键、销、球及轴等）的轴线时，这些零件均按不剖绘制，即仍画外形。需要时，可采用局部剖视。

① 螺栓连接。

螺栓连接用于连接厚度不大的两零件。其画法如图 7-8 所示。两零件上的通孔直径比螺栓大径略大（约等于 $1.1d$），将螺栓穿入通孔中，在螺杆一端套上垫圈，再拧紧螺母。

② 螺柱连接。

当被连接的 2 个零件中有一个较厚不易钻通时，常采用螺柱连接。螺柱连接画法如图 7-9 所示。通常在较薄的零件上钻孔，其直径比螺柱大径稍大（约 $1.1d$），在较厚的零件上则加工出螺孔。双头螺柱旋入端的长度 L_1 与被旋入的零件有关。当采用弹簧垫圈时，其斜口可画成与水平线成 $60°$ 角，开槽宽 $m=0.1d$，斜口方向为顺着螺母旋进的方向。对于钢或轻铜，$L_1=d$，对于铸铁，$L_1=（1.25\sim1.5）d$，对于铝合金 $L_1=2d$。

③ 螺钉连接。

螺钉连接用于受力不大的地方。将螺钉穿过较薄被连接零件的通孔后，直接旋入较厚被连接零件的螺孔内。螺钉连接的画法如图 7-10 所示。

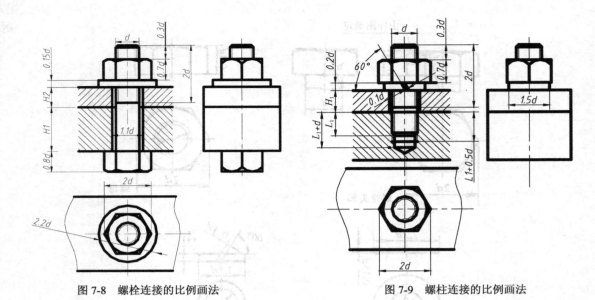

图 7-8 螺栓连接的比例画法　　图 7-9 螺柱连接的比例画法

画螺钉连接图时应注意以下几点。

a．螺钉的螺纹终止线应在螺孔顶面之上。

b．在投影为圆的视图中，螺钉的头部的一字槽应画成与水平线成 45° 角的斜线。

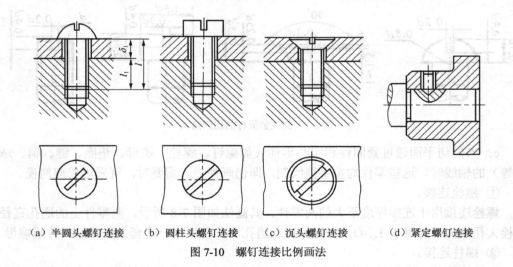

（a）半圆头螺钉连接　（b）圆柱头螺钉连接　（c）沉头螺钉连接　（d）紧定螺钉连接

图 7-10 螺钉连接比例画法

图 7-11 所示为螺纹连接的简化画法。在装配图中，螺母头部可以简化，倒角可以不画；在盲孔螺纹中，代表大径的细实线可以画到孔底；平口起子螺钉可以涂黑。

二、半剖视图

（1）当机件具有对称平面时，在垂直于对称平面的投影面上投影所得到的图形，可以中心线为界，一半画成剖视、另一半画成视图，这样得到的剖视图称作半剖视图（简称半剖视），如图 7-12 所示。

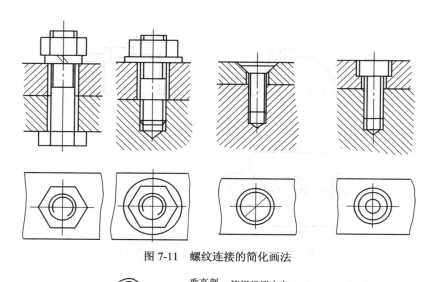

图 7-11　螺纹连接的简化画法

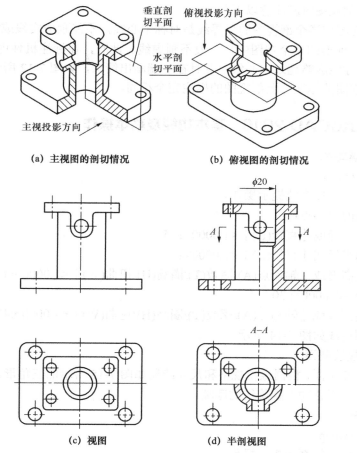

图 7-12　半剖视图

（2）半剖视图主要用于内外形状都需要表达的对称机件。对于形状接近于对称，且不对称部分已另有图形表达清楚的机件，也可以画成半剖视，如图 7-13 所示。

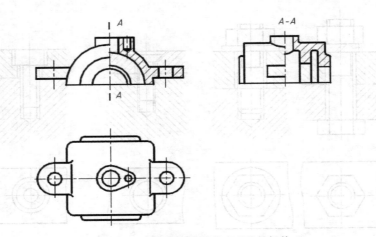

图 7-13 用半剖视图表示基本对称的机件

（3）画半剖视图时应注意以下几点。

① 半个视图和半个剖视图的分界线是对称中心线，不能画成实线或波浪线。

② 在表示外形的半个视图中，一般不画虚线。此时，在标注机件内部结构对称方向的尺寸时，尺寸线应略超过中心线，并且在一端画出箭头，如图 7-12 所示。

③ 半剖视图的标注与全剖视图的标注完全相同。

AutoCAD 2010 基本功能及基本操作

1．创建螺旋线

命令行：helix。

输入命令后，按系统提示操作。

指定底面的中心点：

指定底面半径或［直径(D)］<1.0000>：5

指定顶面半径或［直径(D)］<5.0000>：

指定螺旋高度或［轴端点(A)/圈数(T)/圈高(H)/扭曲(W)］<1.0000>：t

输入圈数 <3.0000>：30

指定螺旋高度或［轴端点(A)/圈数(T)/圈高(H)/扭曲(W)］<1.0000>：45

创建的螺旋线如图 7-14 所示。

2．绘制螺纹截面

选择主视图平面，根据螺纹规格和尺寸绘制如图 7-15 所示的三角形，然后创建三角形面域，再将三角形移动至螺旋线的底端。

3．创建螺纹

命令行：sweep。

输入命令后，按系统提示操作。

选择要扫掠的对象：（选择三角形）

选择扫掠路径或［对齐(A)/基点(B)/比例(S)/扭曲(T)］：（选择螺旋线）

回车后，就能创建如图 7-16 所示的螺纹。

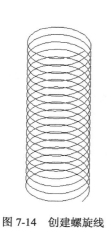

图 7-14　创建螺旋线

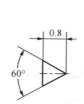

图 7-15　绘制螺纹截面

图 7-16　螺纹模型

任务实施

一、绘制螺母与螺栓的三维图形

1．准备工作

打开"建模"、"视口"等工具栏。

2．绘制螺母

（1）建模。

① 根据螺母简化画法确定各部分尺寸，如图 7-17 所示。

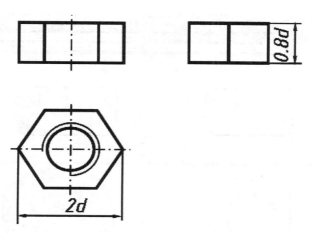

图 7-17　螺母简化画法

② 在"视图"窗口选择"俯视图"，绘制图 7-18 所示图形。

③ 拉伸。选择"绘图"|"实体"|"拉伸"命令，拉伸六边形和圆柱，如图 7-19 所示。

④ 差集。将六棱柱与圆柱进行差集运算。

⑤ 圆角。

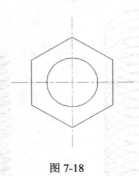

图 7-18

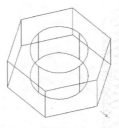

图 7-19

（2）视觉样式。选择"真实"样式，如图 7-20 所示。

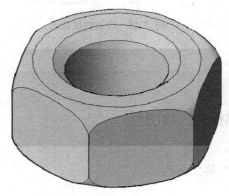

图 7-20

（3）创建 4 个视图，即：主视图、俯视图、左视图和西南侧视图，如图 7-21 所示。

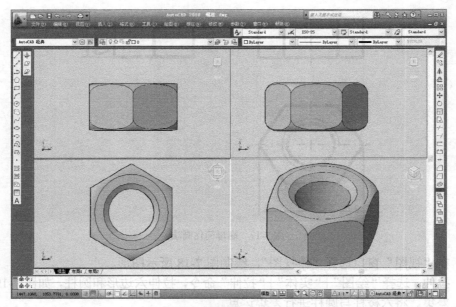

图 7-21　创建四视图

3. 绘制螺杆

（1）建模。

① 根据螺栓简化画法，确定各部分尺寸绘制，如图 7-22 所示。

② 创建螺纹。操作方法如图 7-14、图 7-15 和图 7-16 所示。

③ 创建螺杆。创建直径为 8.4 mm，高为 45 mm，且与图 7-16 所示螺纹同轴的圆柱，再进行并集运算。

④ 加长螺杆。创建直径为 10 mm，高 35 mm，且与螺杆同轴的圆柱，再进行并集运算。

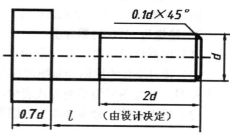

图 7-22　螺栓简化画法

⑤ 创建六角头。按绘制内接半径为 20 mm 的六边形，然后拉伸高度为 7 mm，移至与螺杆同轴，再进行并集运算。（可根据实际情况，直接创建直径为 10 mm，高为 80 mm 的圆柱与六角头并集。）

（2）视觉样式。选择"真实"样式，如图 7-23 所示。

图 7-23　"真实"样式

（3）创建 4 个视图，即：主视图、俯视图、左视图和西南侧视图，如图 7-24 所示。

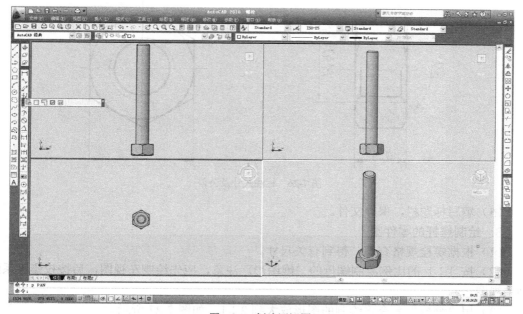

图 7-24　创建四视图

二、绘制螺母和螺杆的零件图

1. 调用样板文件

调用样板 A4 文件 "A4.dwt"。

2. 绘螺母 M10 的零件图

(1) 根据螺母规格查表,得到有关尺寸。

(2) 按 1:1 的比例绘制螺母的二维图形。注意,应先绘制左视图,后按投影关系绘制主视图。主视图采用半剖方式表达,绘图中要注意半剖视图的画法。

(3) 用 "缩放" 命令将绘制的图形放大到 2:1,如图 7-25 所示。

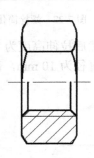
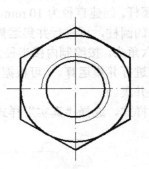

图 7-25　绘制二维图形

(4) 标注尺寸及尺寸公差。先设置尺寸样式,再进行标注。标注结果如图 7-26 所示。

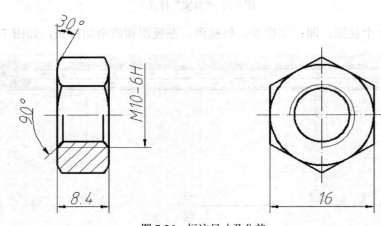

图 7-26　标注尺寸及公差

(5) 填写标题栏,保存文件。

3. 绘制螺杆的零件图

(1) 根据螺栓规格查表,得到有关尺寸。

(2) 按 1:1 的比例绘制螺母的二维图形。注意,应先绘制左视图,后按投影关系绘制主视图。

(3) 用 "缩放" 命令将绘制的图形放大到 2:1,如图 7-27 所示。

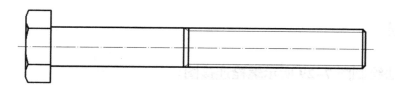

图 7-27 绘制二维图形

（4）标注尺寸及尺寸公差。先设置尺寸样式，再进行标注。标注结果如图 7-28 所示。

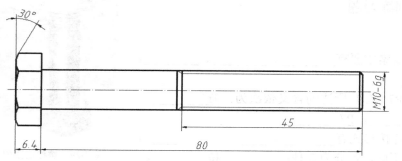
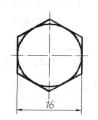

图 7-28 标注尺寸及公差

（5）填写技术要求。

（6）填写标题栏，保存文件。

任务评价

班级		姓名		学号	
项目名称					
评价内容	分值	自我评价（30%）	小组评价（30%）	教师评价（40%）评价内容	
三维建模	15				
创建 4 个相等视口	5				
图样绘制	15				
标注尺寸	5				
工具书的使用	5				
标注表面结构代号	5				
填写标题栏和技术要求	10				
图线符合国家标准	10				
保存最佳状态	10				
与组员的合作交流	10				
课堂的组织纪律性	10				
总　分	100				
总　评					

任务拓展

一、用简化画法绘制图 7-29 所示螺栓连接图。

说明：1．螺栓与螺母为 M20 的普通粗牙螺纹；

2．工作的厚度为 20 mm 和 30 mm。

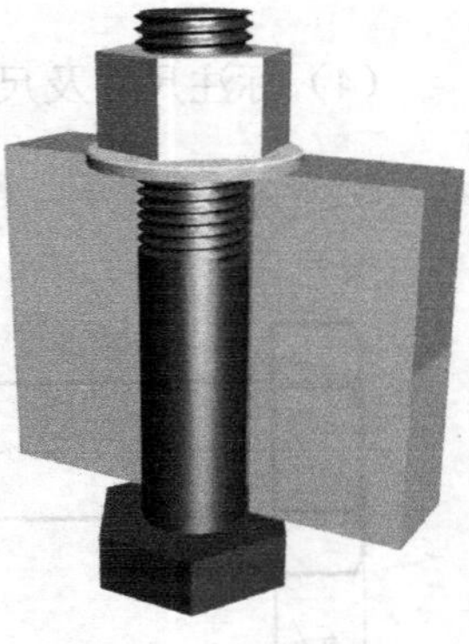

二、完成下列练习题。

（一）填空题。

1．螺纹的基本要素主要有_____、_____、_____、
_____、_____。

2．Tr40×14（P7）LH 所注的含义依次为：Tr_____、
40_____、14_____、P7_____。

3．常见的螺纹连接形式有_____、_____、_____。

4．螺纹按用途不同，可分为 2 种：_____和_____。

图 7-29　螺栓连接图

5．常用的螺纹连接件有_____、_____、_____、_____等。

（二）选择题。

1．代号 G 表示的是（　　）。

A．普通螺纹　　　　　　　　B．梯形螺纹　　　　　　　C．管螺纹

2．多线螺纹的导程为 14，螺距为 7，则螺纹的线数为（　　）。

A．3　　　　　　　　　　　B．4　　　　　　　　　　　C．2

（三）是非题。

1．螺纹的公称直径是代表螺纹尺寸的直径，一般是指螺纹小径的基本尺寸。（　　）

2．M16×1.5 表示的是左旋螺纹。（　　）

（四）写出下列螺纹标记的含义。

M16×1.5－5g6g－S

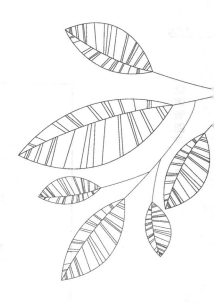

任务八

绘制端盖零件图

 **任务描述**

根据给出的端盖的轴测图，用 AutoCAD 软件抄绘键的零件图。要求如下。

1. 按 1∶1 的比例绘制端盖的三维图形，如图 8-1 所示，创建主视图、俯视图、左视图和西南侧视图 4 个视口，以"端盖三维.dwg"命名，保存到指定文件夹中。

图 8-1 端盖三维图形

2. 按 1∶1 的比例绘制端盖的零件图，如图 8-2 所示。要求符合国家标准规定，图形表达正确，布局合理、美观。

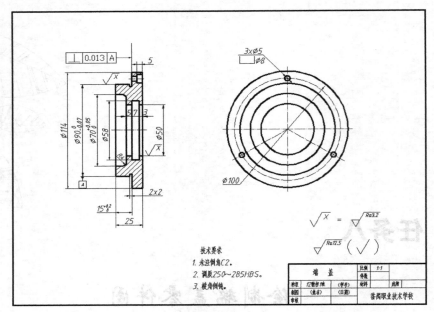

图 8-2　端盖零件图

（1）根据样图选择合适的图幅及摆放方式，图框要求有装订边。

（2）按国家标准要求正确、完整地标注零件的尺寸、表面结构代号，填写技术要求。

（3）绘制完的图样以"端盖.dwg"命名，保存到指定文件夹中。

 ## 学习目标

完成本项目后，应具备如下职业能力。

1．能说出端盖类零件的特征和表达方式。

2．熟悉零件中有关尺寸公差、形位公差的含义。

3．能运用 AutoCAD 软件设置样式替代，设置极限公差并标注。

4．能运用文字编辑技术要求，熟悉盘盖类零件的一般技术要求。

5．能根据零件的工艺要求，正确标注的尺寸公差和几何公差。

6．初步具备运用 CAD 软件，根据实体图绘制零件图的能力。

 ## 任务知识与技能分析

知识与技能点		评　价　目　标
制图知识	轮盘类零件	能说出轮盘类零件特征
	剖切面种类	能说出剖切面的种类，并能指出图样中所采用的的剖切类型
	尺寸公差	能说出极限尺寸、上下偏差和公差的概念，能说出图样中标注的尺寸公差的含义
	几何公差	能指出图样中的几何公差符号和基准符号

知识与技能点		评 价 目 标
CAD 知识	标注尺寸公差	能设置样式，设置极限公差并标注
	标注几何公差	会标注几何公差
	技术要求	能用文字编辑技术要求

知识链接

机械制图国家标准的基本内容

一、轮盘类零件

常见的轮盘类零件有手轮、皮带轮、齿轮、法兰盘、端盖等。轮类零件一般用于传递动力和扭力，盘类零件起支承、轴向定位以及密封作用。轮盘类零件的基本形状为扁平状，主体部分为回转体，厚度方向尺寸比其他 2 个方向的尺寸小。

1. 视图分析

轮盘类零件常采用主视图、左视图 2 个基本视图。主视图按加工或工作位置原则放置，一般为非圆视图，通常采用单一剖、旋转剖、阶梯剖等剖切方式。由于轮盘类零件有凸缘、孔、肋等结构，所以一个基本视图不能完整表达零件的内容，必须有左视图，如图 8-3 所示。

2. 尺寸分析

轮盘类零件通常以通过轴孔的轴线作为尺寸基准，另一方向的尺寸基准常选用装配时的结合面，如图 8-3 所示。

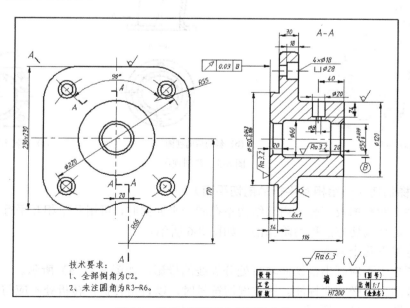

图 8-3 包含左视图和主视图的文件

二、剖切面种类

1. 全剖视图

全剖视图是用剖切面完全地剖开物体所得的剖视图。

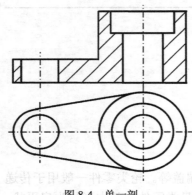

图 8-4　单一剖

适用范围：外形较简单，内形较复杂，而图形又不对称的情况，如图 6-19 所示。

2. 单一剖切平面

采用一个剖切平面将零件剖开称为单一剖，如图 6-19、图 8-4 所示。

当零件具有倾斜结构时，可沿倾斜方向剖开零件，表达其结构内部形状。这种用不平行于任何基本投影面的剖切平面剖开零件的方法称为斜剖，如图 8-5 所示。

斜剖视图必须标注剖切符号、投影方向和剖视图名称。可按投影关系配置在与剖切符号相对应的位置。必要时，可以配置在其他适当的位置将其旋转成水平画出，如图 8-5（c）所示。

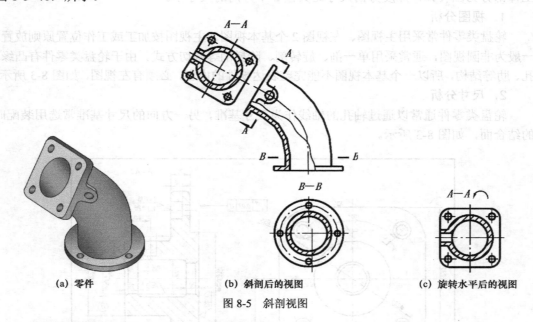

| (a) 零件 | (b) 斜剖后的视图 | (c) 旋转水平后的视图 |

图 8-5　斜剖视图

3. 阶梯剖切（一组相互平行的剖切平面）

当零件上的孔槽及空腔等内部结构不在同一平面内时，可用几个相互平行的剖切平面剖开零件，这种剖切方法称为阶梯剖，如图 8-6 所示。

应注意以下几个问题。

（1）图形中不应画出剖切面转折处分界线的投影，如图 8-7（a）所示。

（2）被剖视图必须要标注。标注剖切符号时，以直角转折，转折处不应与机件的轮廓线重合，如图 8-7（b）所示。

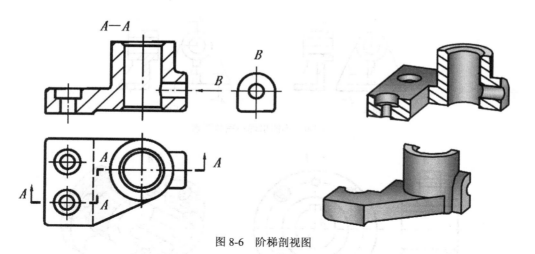

图 8-6 阶梯剖视图

(a) 不应画出转折处分界线　　　　　**(b) 转折处不应与机件的轮廓线重合**

图 8-7 阶梯剖视图错误画法

（3）只有当 2 个结构在图形上具有公共对称中心线时，可以各画出一半。这时应以对称中心线或轴线分界，如图 8-8 所示。

（4）在剖视图内不能出现不完整要素，如图 8-9 所示。

（5）阶梯剖视图的标注应注意：视图名称、剖切位置必须标注；当剖视图按投影关系配置，中间又没有其他图形隔开时，可省略箭头；当转折处的位置不够但不会引起误解时，可省略字母。

4. 几个相交的剖切面

当机件的内部结构形状用一个剖切平面剖切不能表达完全且机件又具有回转轴时，可用 2 个相交的剖切平面（交线垂直于某一基本投影面）剖开，这种剖切方法称为旋转剖，如图 8-10 所示。

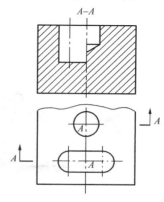

图 8-8 具有公共对称中心线的剖视图

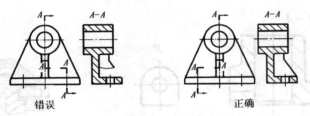

图 8-9　不能出现不完整要素

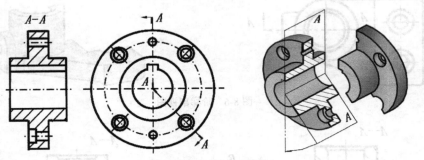

图 8-10　旋转剖视图一

画此类剖视图还应注意以下几点。

（1）剖切平面的交线应与机件上的公共回转轴线重合。

（2）应按"先剖切后旋转"的方法绘制剖视图，如图 8-11 所示。

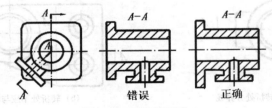

图 8-11　旋转剖视图二

（3）位于剖切平面后且与所表达的结构关系不甚密切的结构，或一起旋转容易引起误解的结构，一般仍按原来的位置投射，如图 8-12 所示。

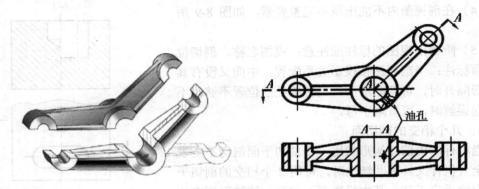

图 8-12　旋转剖视图三

（4）当剖切后产生不完整要素时，该部分按不剖绘制，如图 8-13 所示。

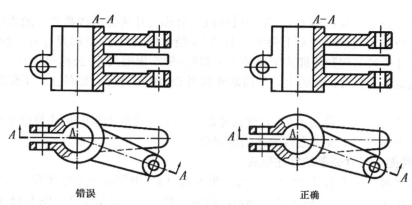

错误   正确

图 8-13　旋转剖视图四

三、尺寸公差

1．零件的互换性

同一批零件，不经挑选和辅助加工，任取一个就可顺利地装到机器上去并满足机器的性能要求。零件的这种性质称为互换性。

2．公差的基本概念

制造零件时，为了使零件具有互换性，要求零件的尺寸在一个合理范围之内，由此就规定了极限尺寸。制成后的实际尺寸，应在规定的最大极限尺寸和最小极限尺寸范围内。允许的尺寸变动量称为尺寸公差，简称公差。有关公差的术语，以图 8-14 为例，说明如下。

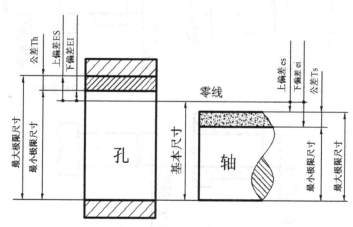

图 8-14　尺寸公差基本概念

（1）公称尺寸：设计时确定的尺寸（孔用大写字母，轴用小写字母）。

（2）实际尺寸：零件制成后实际测得的尺寸。

（3）极限尺寸：允许零件尺寸变化的 2 个界限值。2 个极限尺寸中较大的一个尺寸称为最大极限尺寸，较小的一个尺寸为最小极限尺寸。

零件合格的条件为：最大极限尺寸≥实际尺寸≥最小极限尺寸。

（4）尺寸偏差（简称偏差）：某一尺寸减其公称尺寸所得的代数差。最大极限尺寸减其公称尺寸所得的代数差就是上偏差（上偏差=最大极限尺寸-公称尺寸）；最小极限尺寸减其公称尺寸所得的代数差即为下偏差（下偏差=最小极限尺寸-公称尺寸）。

国标规定偏差代号：孔的上、下偏差分别用 ES 和 EI 表示，轴的上、下偏差分别用 es 和 ei 表示。

（5）尺寸公差（简称公差）：允许尺寸的变动量，即最大极限尺寸与最小极限尺寸之差；也等于上偏差与下偏差之代数差的绝对值。

3．零件图上尺寸公差的标注形式

零件图上尺寸公差有 3 种标注形式。图 8-15（a）中标注公差带代号，适用于单件大批量生产；图 8-15（b）中标注极限偏差，适用于单件、小批量生产；图 8-15（c）中同时标注极限偏差和公差带代号，为普遍标注。

四、几何公差

1．几何公差的概念

在零件加工过程中，不仅会产生尺寸误差，也会出现形状和相对位置等几何误差。形状误差是指实际（单一）要素的形状相对其理想要素形状的变动量。位置误差是指关联几何要素的实际位置相对其理想要素的变动量。几何公差是指零件的实际形状和实际位置对理想形状和理想位置（基准）所允许的最大变动量。

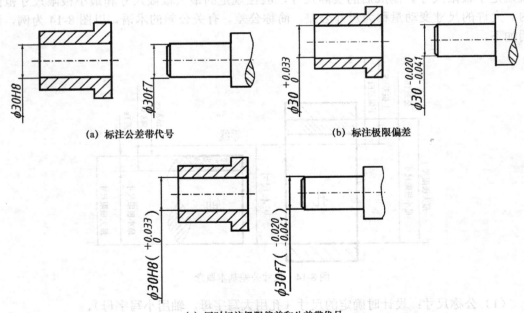

(a) 标注公差带代号   (b) 标注极限偏差

(c) 同时标注极限偏差和公差带代号

图 8-15 零件图上尺寸公差的标注

2．几何公差的几何特征符号

国标规定的几何公差特征符号共有 14 种，各几何特征名称及符号如表 8-1 所示。

表 8–1　　几何公差特征名称及符号

类型	几何特征	符号	类型	几何特征	符号	类型	几何特征	符号
形状公差	直线度	—	位置公差	位置度	⌖	方向公差	平行度	//
	平面度	⏥		同心度（用于中心点）	◎		垂直度	⊥
	圆度	○		同轴度（用于轴线）	◎		倾斜度	∠
	圆柱度	⌭		对称度	⌯		线轮廓度	⌒
	线轮廓度	⌒		线轮廓度	⌒		面轮廓度	⌓
	面轮廓度	⌓		面轮廓度	⌓	跳动公差	圆跳动	↗
							全跳动	⌰

3．几何公差的代号

几何公差代号包括：公差框格、指引线和基准代号。

（1）公差框格。公差框格最多五格，最少两格。左起第一格填写项目符号，第二格填写公差值。如果公差带为圆形或圆柱形，公差值前应加注符号“ *φ*”。如果公差带为圆球，则公差值前应加注符号“*S φ*”。后面框格内填写基准代号字母，如图 8-16 所示。

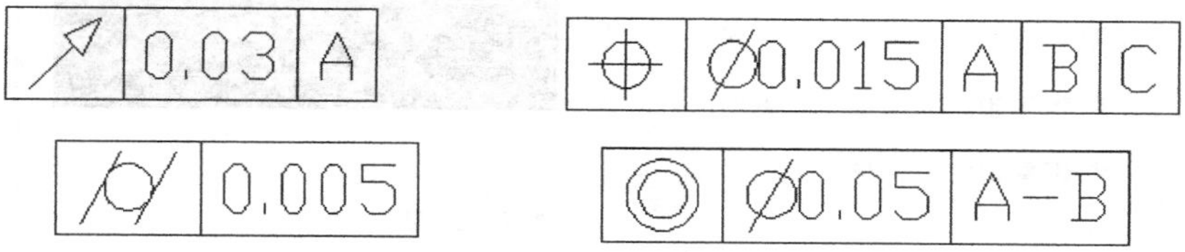

图 8-16　公差框格

（2）指引线。指引线用细实线绘制，一端与公差框格相连，另一端用箭头指向被测要素，如图 8-17 所示。

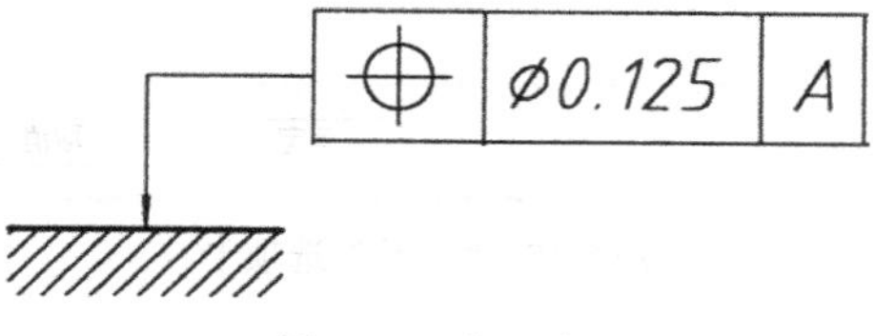

图 8-17　指引线

（3）基准代号。基准符号为一等腰直角三角形或等边三角形，如图 8-18（a）所示，标注时基准三角形要放在基准要素的轮廓线上或其延长线上。基准代号由基准符号和代表基准名称的大写字母组成。字母写在公差框格内，框格用细实线与基准符号相连，如图 8-18（b）所示。

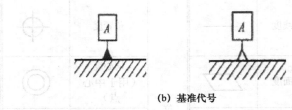

(a) 基准符号　　　　　　　　　　　　　(b) 基准代号

图 8-18　基准符号与基准代号

AutoCAD 2010　基本功能及基本操作

一、利用"标注样式"标注尺寸公差

打开"标注样式管理器"对话框，单击"替代"或"新建"按钮，选择"公差"选项卡，如图 8-19 所示。

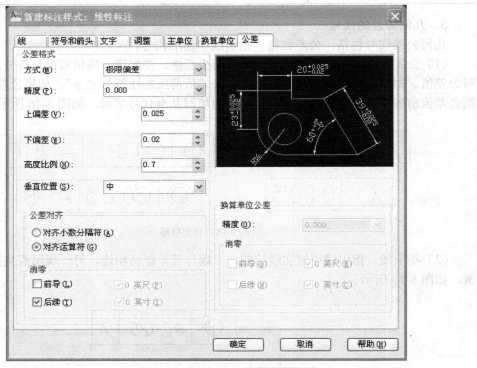

图 8-19　"公差"选项卡

设置方法如下。

（1）在"公差格式"选项组中，选择"极限偏差"选项。

（2）"精度"选择保留 3 位小数。

（3）上、下偏差的设置：系统默认上偏差为正值，下偏差为负值。

（4）"高度比例"指公差字高与公称尺寸字高之比，可选用 0.5～1。

（5）"垂直位置"指公差与公称尺寸在水平方向的对齐方式，一般选"中"选项。

二、标注几何公差

1. 设置公差框格

① 菜单命令：选择"标注"|"公差"命令。

② 工具栏：单击"标注"工具栏"公差"按钮  。

③ 命令行：tolerance。

执行命令后，打开"形位公差"对话框，如图 8-20 所示。

设置方法如下。

（1）单击"符号"下的黑框，打开"特征符号"对话框，选择项目符号，如图 8-21 所示。

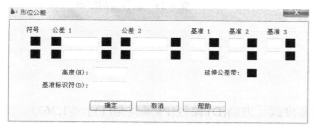

图 8-20 "形位公差"对话框

图 8-21 "特征符号"对话框

（2）单击"公差 1"下的黑框，根据需要选择辅助符号"ϕ"。

（3）在"公差 1"的文本框中输入公差值。

（4）在"基准 1"的文本框中输入基准。若只有一个基准就输入一个即可。

2. 编辑公差框格

用 ED 命令可编辑公差框格中的所有项目内容。

3. 指引线

① 菜单命令：选择"标注"|"多重引线 "命令。

② 命令行：MLE（mleader）。

任务实施

一、绘制端盖的三维图形

1. 准备工作

打开"建模"、"视口"等工具栏。

2. 建模

（1）绘制图 8-22 所示平面图形。

（2）创建面域。使用 PEDIT 命令将各线段合并成整体。

（3）选择"绘图"|"实体"|"旋转"命令，如图 8-23 所示。

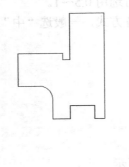

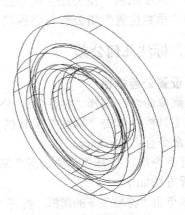

图 8-22　绘制的平面图形　　　　　　　　图 8-23　旋转后的图形

（4）创建环形阵列。

① 按要求绘制出小圆柱。

命令：extrude。

选择要拉伸的对象：找到 1 个。

选择要拉伸的对象：指定拉伸的高度或 [方向(D)/路径(P)/倾斜角(T)] <-1.367>：

② 创建环形阵列。

命令：_array。

指定阵列中心点：左键单击大圆圆心

项目总数：4

选择对象：找到 1 个

单击"确定"按钮，完成环形阵列的创建，如图 8-24 所示。

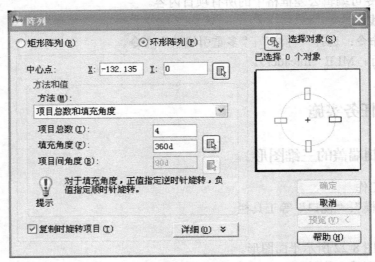

图 8-24　创建阵列

（5）差集运算。

命令：_subtract 选择要从中减去的实体或面域...

选择对象：找到 1 个

选择要减去的实体或面域 ..

选择对象：找到 1 个

择对象：找到 1 个，总计 2 个

选择对象：找到 1 个，总计 3 个

选择对象：找到 1 个，总计 4 个

3．视觉样式

选择"真实"。

4．创建 4 个视口

创建主视图、俯视图、左视图和西南侧视图，如图 8-25 所示。

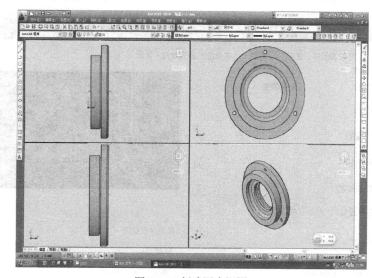

图 8-25　创建四个视图

二、绘制键的零件图

（1）调用样板 A4 文件　"A4.dwt"。

（2）选择视图，按 1：1 的比例绘制键的二维图形。

① 画主视图（选好表达视角），如图 8-26 所示。

② 画左视图，如图 8-27 所示。

（3）标注尺寸和表面结构代号。

（4）标注尺寸公差。

打开"标注样式管理器"对话框，选取"线性标注"标注样式，再单击"替代"按钮。系统打开"替代当前样式"对话框。选择"公差"选项卡。

由于没有设置换算单位，"公差"选项卡只有左上方的选项需要设定，如图 8-28 所示。

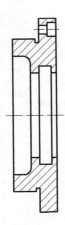

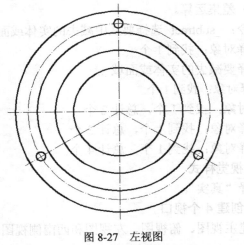

图 8-26　主视图　　　　　　　　　　　　　　　图 8-27　左视图

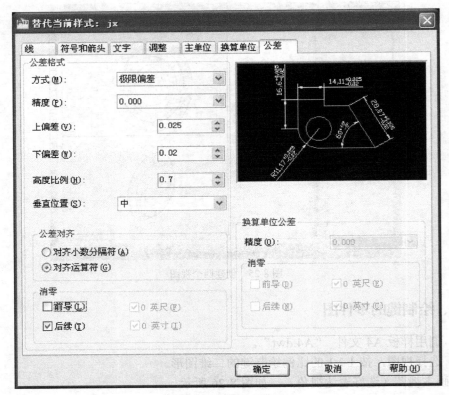

图 8-28　"公差"选项卡

　　将"方式"下拉列表框设定为"极限偏差"。"精度"下拉列表框设定为保留 3 位小数（0.000）。"上偏差"列表框中默认值为正偏差，需要输入"0.025"，"下偏差"列表框中默认值为负偏差，故对于-0.02 只需输入"0.02"。"高度比例"列表框用于控制偏差文字与公称尺寸文字的高度比值，按国标要求设定为 0.7。"垂直位置"下拉列表框控制文字的垂直方向排版，可设置为"中"。

尺寸数值前的符号"φ"可以在"主单位"选项卡中设置。在"前缀"栏的文本框中输入:"%%C"后,每个尺寸数字前都会显示"φ",如图 8-29 所示。

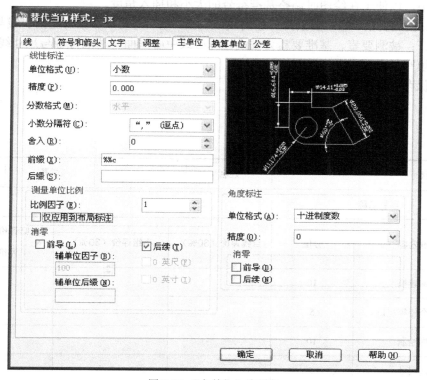

图 8-29 "主单位"选项卡

（5）标注几何公差。

相对于尺寸公差标注,几何公差的标注就简单得多了。只需使用"公差"命令完成公差框格的创建,再使用"引出线"标注工具完成引线的创建,就可以创建一个符合国家标准规范的几何公差标注,如图 8-30 所示。

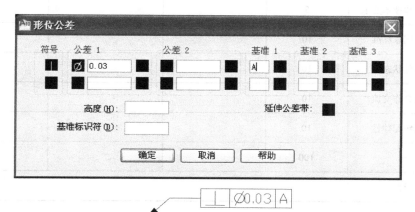

图 8-30 创建几何公差标准

基准符号标注。基准符号是用户创建的块。单击"绘图"工具栏上的"插入块"按钮，系统弹出"插入"对话框，将其上的"旋转"和"比例"选项区域中的"在屏幕上指定"单选钮选中，以便于在绘图时调整基准符号的大小和插入角度。

注意：被测要素、基准要素为一般的线或表面，基准符号、形位公差指引线与尺寸线，要明显错开；被测要素、基准要素为轴线、球心或中心平面，基准符号与尺寸线对齐。

（6）填写技术要求和标题栏。

（7）保存文件。

任务评价

班级		姓名		学号	
项目名称					
评价内容	分值	自我评价（30%）	小组评价（30%）	教师评价（40%） 评价内容	
三维建模	10				
创建 4 个相等视口	5				
图样绘制	10				
标注尺寸	5				
尺寸公差标注	10				
形位公差标注	10				
标注表面结构代号	5				
填写标题栏和技术要求	5				
图线符合国家标准	10				
保存最佳状态	10				
与组员的合作交流	10				
课堂的组织纪律性	10				
总　分	100				
总　评					

? **任务拓展**

一、绘制图 8-31 所示的图样。

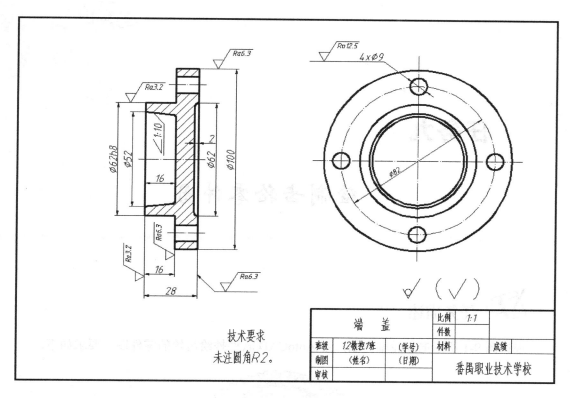

图 8-31 端盖

二、识读图 8-31 端盖零件图，完成下列练习题。

1. 端盖主视图采用的表达方法是_____视图，绘图比例是_____。

2. 端盖的外形尺寸长×宽×高是：_____。

3. 左视图中尺寸 φ82 是_____尺寸。

4. 端盖的径向基准是_____。

5. 端盖表面质量要求最高的表面粗糙度是_____，其 R_a 值为_____。

6. 查表确定，尺寸 φ62h8 的上偏差是_____，下偏差是_____，公差是_____。

任务九

绘制齿轮零件图

Chapter 9

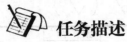 **任务描述**

根据图 9-1 所示的齿轮轴测图，用 AutoCAD 软件抄绘齿轮的零件图。要求如下。

图 9-1　齿轮轴测图

1. 按 1：2 的比例绘制齿轮的零件图（见图 9-2），要求符合国家标准规定，图形表达正确，布局合理、美观。

2. 根据样图选择合适的图幅及摆放方式，图框要求有装订边。

3. 按国家标准要求正确、完整地标注零件的尺寸、公差、表面结构代号，填写技术要求。

4. 绘制完的图样以"齿轮.dwg"命名，保存到指定文件夹中。

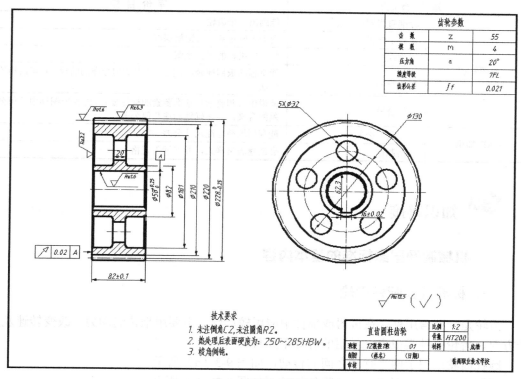

图 9-2 齿轮零件图

 学习目标

完成本项目后，应具备如下职业能力。
1. 能正确描述齿轮的类型、基本参数和使用范围。
2. 会分析齿轮参数之间的关系，会查询齿轮相关工具手册。
3. 能正确识读齿轮的零件图，熟悉齿轮的各种简化画法。
4. 熟悉完整齿轮零件图所包含的技术要求、公差要求、参数表格。
5. 能熟练运用 AutoCAD 软件绘制完整的齿轮零件图。

 任务知识与技能分析

知识与技能点		评 价 目 标
制图知识	标准直齿圆柱齿轮	能说出齿轮的作用和种类
		能说出齿轮各部分的名称和模数、压力角的含义
		能计算出分度圆直径、齿顶圆直径、齿根圆直径

右侧竖排：任务 九 绘制齿轮零件图

知识与技能点		评价目标
制图知识	标准直齿圆柱齿轮	能画出单个齿轮
	轮毂上键槽	会查表确定键槽及键槽深度
	半剖视图	能绘制齿轮的半剖视图
	简化画法	能掌握肋板剖视画法，回转体上均匀分布的肋板、孔等结构的画法
	几何公差	能说出被测要素与基准要素的标注要点，能说出图样中几何公差的含义，能正确地标注几何公差
CAD知识	标注尺寸公差	能利用堆叠标注尺寸公差
	表格制作	会创建表格样式，并能插入表格

知识链接

机械制图国家标准的基本内容

一、标准直齿圆柱齿轮

齿轮是一种常用件，在机器或部件中应用较广泛，主要用来传递动力、改变转速及旋转方向。齿轮的种类很多，常用的有如下几种。

圆柱齿轮：用于两平行轴之间的传动，如图9-3（a）所示。

圆锥齿轮：用于两相交轴之间的传动，如图9-3（b）所示。

蜗轮蜗杆：用于两垂直交叉轴之间的传动，如图9-3（c）所示。

齿轮齿条：是齿轮传动的特殊情况，如图9-4所示。

圆柱齿轮的轮齿有直齿、斜齿和人字齿之分。齿型又有渐开线、摆线、圆弧等形状。

(a) 圆柱齿轮　　　　　　　　(b) 圆锥齿轮　　　　　　　　(c) 蜗轮蜗杆

图9-3　常见的齿轮传动

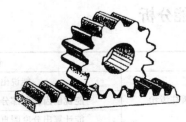

图9-4　齿轮齿条

1. 直齿圆柱齿轮的各部分名称和参数计算（见图 9-5）

（1）名称。

齿顶圆 d_a：通过轮齿顶部的圆柱面直径。

齿根圆 d_f：通过轮齿根部的圆柱面直径。

分度圆 d：在标准齿轮上，齿厚 s 与槽宽 e 相等处的圆。

齿高 h：齿顶圆和齿根圆之间的径向距离。

齿顶高 h_a：齿顶圆和分度圆之间的径向距离。

齿根高 h_f：齿根圆和分度圆之间的径向距离。

对于标准齿轮：$h=h_a+h_f$。

齿距 p（周节 p）：在分度圆上，两个相邻轮齿的同侧齿面间的弧长。

齿厚 s：一个轮齿齿廓在分度圆间的弧长。

槽宽 e：一个轮齿齿槽在分度圆间的弧长。

对于标准齿轮：$s=e$，$p=s+e$。

齿数 z：齿轮上轮齿的个数。

模数 m：在分度圆上 $p \cdot z = \pi \cdot \underline{d}$，则 $d = z \cdot p / \pi$，令 $p/\pi = m$，所以 $d = m \cdot z$，m 称为"模数"，它是齿轮设计和制造时的重要参数，其数值已标准化（参照 GB/T1357—87），如表 9-1 所示。

压力角 α：是指齿廓上任意一点的法线方向与线速度方向所夹的锐角。通常所说的齿轮压力角是指分度圆上的压力角，国标规定：标准压力角 $\alpha=20°$。

表 9-1　　　　　　　　　　　　齿轮的标准模数

第一系列	1　1.25　1.5　2　2.5　3　4　5　6　8　10　12　16　20　25　32　40　50
第二系列	1.75　2.25　2.75　(3.25)3.5　(3.75)4.5　5.5　(6.5)7　9　(11)14 18　22　28　36　45

注：应优先选用第一系列，其次是第二系列，括号内的数值尽量不用。

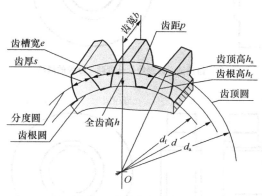

图 9-5　齿轮各部分名称

（2）参数计算。

标准齿轮的齿廓形状有齿数、模数、压力角 3 个基本参数，由这 3 个基本参数就可以计算齿轮各部分的几何尺寸。标准直齿圆柱齿轮各部分的尺寸计算方法如表 9-2 所示。

表 9-2   标准直齿圆柱齿轮各部分的尺寸

名　称	符　号	计算公式
分度圆直径	d	$d=m \cdot z$
齿顶高	h_a	$h_a=m$
齿根高	h_f	$h_f=1.25m$
全齿高	h	$h=h_a+h_f=2.25m$
齿顶圆直径	d_a	$d_a=d+2h_a=m(z+2)$
齿根圆直径	d_f	$d_f=d-2h_f=m(z-2.5)$
齿距	p	$p=\pi \cdot m$
齿厚	s	$s=p/2=\pi \cdot m/2$
齿间宽	e	$e=p/2=\pi \cdot m/2$

2．直齿圆柱齿轮的规定画法

（1）单个齿轮的规定画法。

单个齿轮的画法参照如下规定。

① 齿顶圆、齿顶线用粗实线绘制，分度圆、分度线用细点画线绘制，如图 9-6（a）所示。

② 在视图中，齿根圆和齿根线用细实线绘制，也可省略不画；在剖视图中，齿根线用粗实线绘制，如图 9-6（b）所示。

③ 在剖视图中，若剖切平面通过齿轮的轴线，轮齿一律按不剖绘制，如图 9-6 所示。

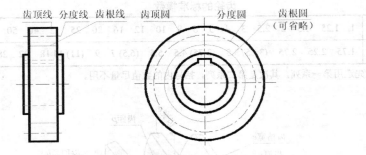

齿顶线　分度线　齿根线　　齿顶圆　　　　分度圆　　　齿根圆（可省略）

(a) 齿顶圆、齿顶线、分度圆、分线的画法

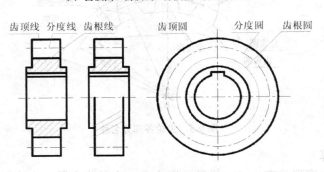

齿顶线　分度线　齿根线　　　齿顶圆　　　分度圆　齿根圆

(b) 齿根圆、齿根线的画法

图 9-6 单个圆柱直齿轮的画法

（2）零件图。

在齿轮零件图中，齿轮各部分的标注要求为：轮齿的齿根圆直径不需注明，仅需注明分度圆直径、齿顶圆直径、齿宽和齿高等参数，其他参数如模数、齿数、齿形角等可用表格在图样的右上角说明，如图 9-7 所示。

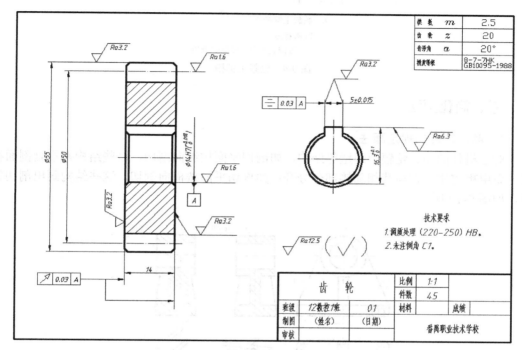

图 9-7　圆柱齿轮零件图

二、轴及轮毂上键槽的画法及尺寸的确定

（1）轴上键槽画法及各部尺寸的确定，如图 9-8 所示。

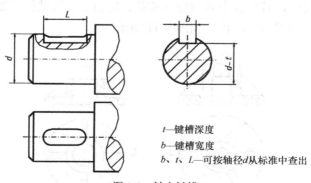

t—键槽深度
b—键槽宽度
b、*t*、*L*—可按轴径 *d* 从标准中查出

图 9-8　轴上键槽

（2）轮毂上键槽的画法及各部尺寸的确定，如图 9-9 所示。

t_1—轮毂上键槽深度

b—键槽宽度

t_1、b—可按孔径D从标准中查出

图 9-9　轮毂上键槽

三、简化画法

1. 肋和轮辐的规定画法

对于机件的肋、轮辐及薄壁等结构，如剖切平面按纵向剖切，这些结构都不画剖面符号，而用粗实线将它与其相邻接部分分开；如剖切平面按横向剖切，这些结构画出剖切符号，如图 9-10 所示。

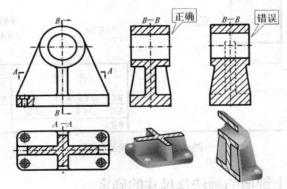

图 9-10　肋板剖切的规定画法

2. 均匀分布的肋板及孔的画法

回转体机件剖切时，若机件上均匀分布的肋、轮辐、孔等结构不处于剖切平面上，可以假想将其旋转到剖切平面上画出，如图 9-11 所示。

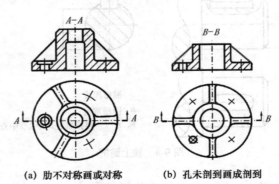

(a) 肋不对称画或对称　　　　(b) 孔未剖到画成剖到

图 9-11　回转体上的均布结构画法

3．相同结构要素的简化画法

当机件上有若干相同的结构要素且其按一定的规律分布时，只需画出几个完整的结构要素，其余的用细实线连接或画出其中心位置即可。对于孔，只需画出中心位置，在图中注明总数量即可，如图9-12所示。

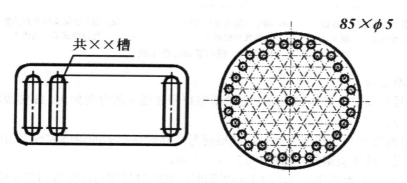

图9-12　相同结构的简化画法

四、几何公差

1．几何公差的标注

（1）公差框格。

公差框格用细实线画出，可画成水平的或垂直的。框格高度是图样中尺寸数字高度的2倍，它的长度视需要而定。框格中的数字、字母、符号与图样中的数字等高。图9-13给出了形位公差和几何公差的框格形式。用带箭头的指引线将被测要素与公差框格一端相连。

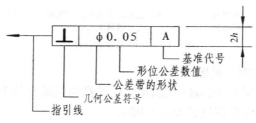

图9-13　几何公差代号及基准符号

（2）被测要素。

用带箭头的指引线将被测要素与公差框格一端相连。指引线箭头指向公差带的宽度方向或直径方向。指引线箭头所指部位如下。

① 当被测要素为整体轴线或公共中心平面时，指引线箭头可直接指在轴线或中心线上，如图9-14（a）所示。

② 当被测要素为轴线、球心或中心平面时，指引线箭头应与该要素的尺寸线对齐，如图9-14（b）所示。

③ 当被测要素为线或表面时，指引线箭头应指在该要素的轮廓线或其引出线上，并应明显地与尺寸线错开，如图9-14（c）所示。

182

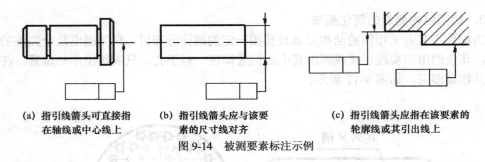

(a) 指引线箭头可直接指
在轴线或中心线上

(b) 指引线箭头应与该要
素的尺寸线对齐

(c) 指引线箭头应指在该要素的
轮廓线或其引出线上

图 9-14　被测要素标注示例

（3）基准要素。

基准符号的画法如图 9-15 所示。无论基准符号在图中的方向如何，细实线圆内的字母一律水平书写。

① 当基准要素为素线或表面时，基准符号应靠近该要素的轮廓线或引出线标注，并应明显地与尺寸线箭头错开，如图 9-15（a）所示。

② 当基准要素为轴线、球心或中心平面时，基准符号应与该要素的尺寸线箭头对齐，如图 9-15（b）所示。

③ 当基准要素为整体轴线或公共中心面时，基准符号可直接靠近公共轴线（或公共中心线）标注，如图 9-15（c）所示。

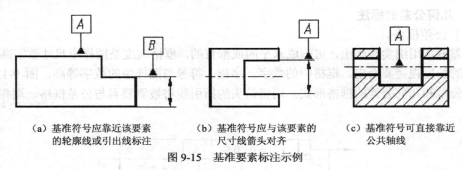

（a）基准符号应靠近该要素
的轮廓线或引出线标注

（b）基准符号应与该要素的
尺寸线箭头对齐

（c）基准符号可直接靠近
公共轴线

图 9-15　基准要素标注示例

2．几何公差标注实例（见图 9-16）

（1）Φ88h9 外圆柱面对 Φ24H7 孔的轴心线的径向跳动公差为 0.08。

（2）Φ88h9 外圆柱面的圆度公差为 0.006。

（3）Φ14H7 孔的轴心线的直线度公差为 Φ0.01。

（4）齿轮键槽的 2 个侧面对 Φ14H7 孔的轴心线的对称度公差为 0.02。

（5）齿轮右端面对 Φ14H7 孔的轴心线的垂直度公差为 0.05。

ＡutoCAD 2010　基本操作

一、利用堆叠标注尺寸公差

（1）先标注基本尺寸 ϕ50 或 50，如图 9-17 所示。

（2）然后用 ED 命令对其进行修改。操作过程为：输入"ED"，回车，弹出多行文本对话框，如图 9-18 所示。

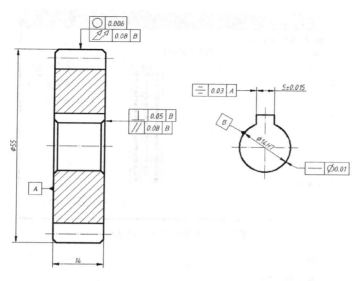

图 9-16　几何公差标注实例

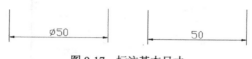

图 9-17　标注基本尺寸

图 9-18　多行文本对话框

（3）输入要标注的公差值，"+0.01^-0.02" 或 "%%C50+0.01^-0.02"，然后选中要堆叠的部分，如图 9-19 所示，再单击图 9-20 中的"堆叠"按钮 ⅃，最后单击"确定"按钮，即可得到如图 9-21 所示标注结果。

图 9-19　选中要堆叠的部分　　　图 9-20　单击"堆叠"按钮　　　图 9-21　标注结果

二、表格制作

操作步骤如下。

（1）设"08"图层为当前层。

（2）菜单命令：选择"格式"|"表格样式"命令，或者打开样式设置，如图 9-22 所示。

（3）打开"表格样式"对话框，如图 9-23 所示。从中单击"新建"按钮，在打开的"创建新的表格样式"对话框中的"新样式名"文本框中输入"表格"。

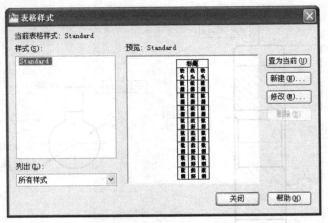

图 9-22 "表格样式"对话框

图 9-23 输入"表格"

（4）单击"继续"按钮，打开"新建表格样式"对话框，如图 9-24（a）所示，进行表格样式设置。

(a) 设置"表头"

图 9-24 "新建表格样式"对话框

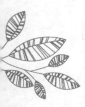

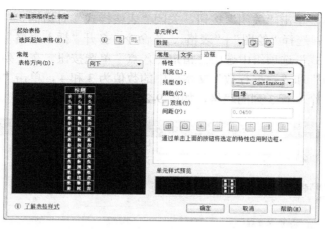

(b) 设置边框

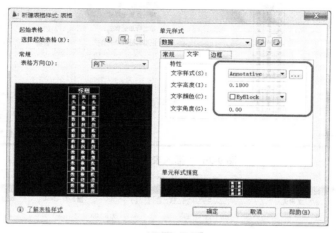

(c) 设置文字属性

图 9-24 "新建表格样式"对话框（续）

（5）单击"确定"按钮，返回到"表格样式"对话框，在"样式"列表框中选中创建的新样式，单击"置为当前"按钮，如图 9-25 所示。

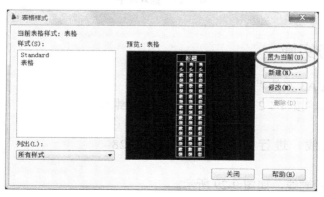

图 9-25 "表格样式"对话框

（6）设置完毕，单击"关闭"按钮，关闭"表格样式"对话框。

（7）菜单命令：选择"绘图"|"表格..."命令。打开"插入表格"对话框，如图9-26所示。在"插入方式"选项组中选中"指定插入点"单选按钮。在"列和行设置"选项组中分别设置"列数"和"数据行数"文本框中的数值为3和4，单击"确定"按钮，则在绘图文档中插入一个4行3列的表格，如图9-27所示。

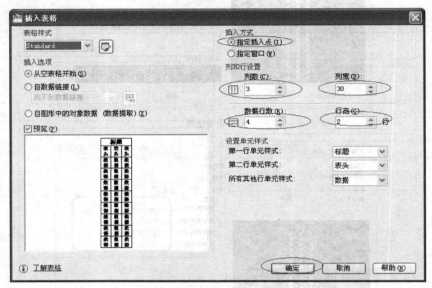

图9-26　"插入表格"对话框

图9-27　插入表格

 **任务实施**

（1）调用样板A3文件"A3.dwt"。

（2）选择视图，按1:2的比例绘制齿轮的二维图形。

① 绘制中心线，进行初步布局，如图9-28所示。

② 绘制基本轮廓线，如图9-29所示。

③ 绘制主视图的键槽，如图9-30所示。

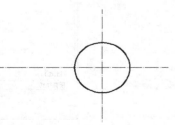

图9-28　初步布局

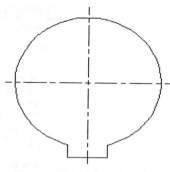

图 9-29　绘制基本轮廓线

图 9-30　绘制主视图的键槽

④ 绘制剖视后的轮廓线，如图 9-31 所示。

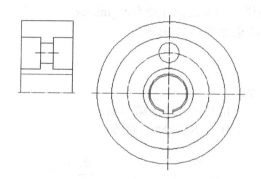

图 9-31　绘制剖视后的轮廓线

⑤ 直齿圆柱齿轮轮齿的绘制如图 9-32 所示。

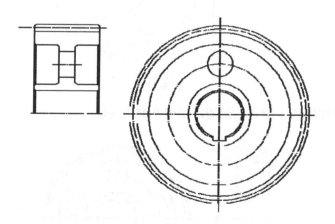

图 9-32　绘制直齿圆柱齿轮轮齿

强调：齿顶圆画粗实线；分度圆画点画线；齿根圆在剖视图中画粗实线，在端视图中画细实线，或省略不画。在非圆投影的剖视图中，轮齿部分不画剖面线。

⑥ 完成阵列和镜像操作。

选择"修改"|"阵列"命令，完成 5 个 Φ32 的圆的阵列的创建，如图 9-33 所示。

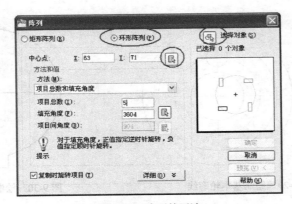

图 9-33　阵列的画法

选择"修改"|"镜像"命令或执行命令：_mirror。

按系统提示操作，结果如图 9-34 所示。

窗口选择：

选择对象：

指定镜像线的第一点：

指定镜像线的第一点：指定镜像线的第二点：`

要删除源对象吗？[是(Y)/否(N)] <N>：回车

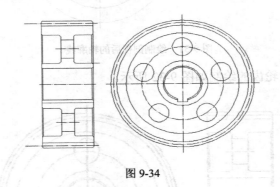

图 9-34

⑦ 完成主视图键槽，填充主视图，如图 9-35 所示。

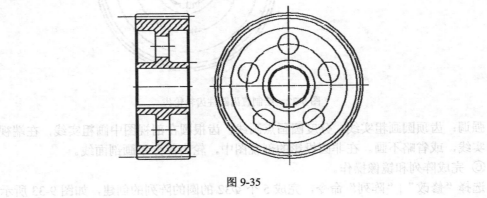

图 9-35

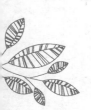

（3）标注尺寸。

（4）标注尺寸公差。

单击 **A** 按钮，打开如图 9-36 所示窗口，进行尺寸公差的编辑。

图 9-36　设置公差文字格式

输入图 9-37 所示标注内容，单击　按钮即可。

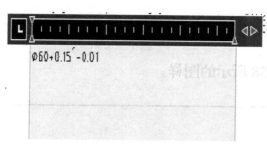

图 9-37　输入标注内容

（5）标注几何公差。

（6）表面结构代号的标注。

（7）标注技术要求。

（8）填写标题栏，保存文件。

 任务评价

班　级		姓　名		学　号	
项目名称					
评价内容	分　值	自我评价（30%）	小组评价（30%）	教师评价（40%）评价内容	
主视图	10				
左视图	10				
齿轮轮齿表达正确	5				
标注尺寸	5				
尺寸公差	5				
几何公差	5				
工具书的使用	5				
标注表面结构代号	5				
填写标题栏和技术要求	10				
图线符合国家标准	10				

续表

评价内容	分　值	自我评价（30%）	小组评价（30%）	教师评价（40%）评价内容
保存最佳状态	10			
与组员的合作交流	10			
课堂的组织纪律性	10			
总　分	100			
总　评				

❓ 任务拓展

一、抄绘图 9－38 所示的图样。

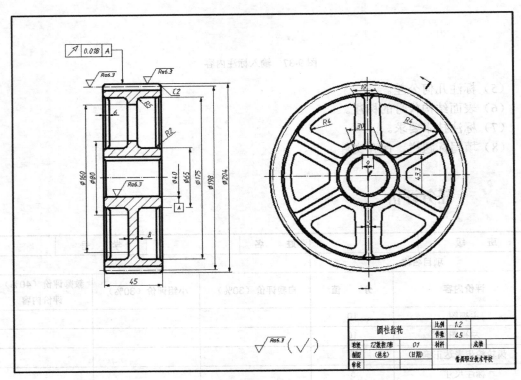

图 9-38　绘制的图样

二、完成下列练习题。

1. 指出图 9-39 所示齿轮的各部分名称。

2. 已知标准直齿圆柱齿轮 $m=5$ mm、$z=42$，轮齿端部倒角 C2，请分别计算出齿轮的分度圆直径、齿顶圆直径和齿根圆直径，并按 1:2 的比例完成齿轮两视图的绘制。

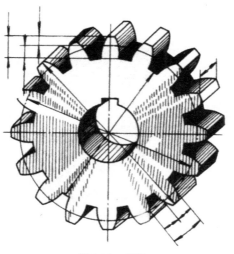

图 9-39　齿轮

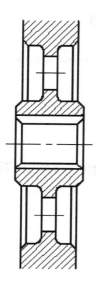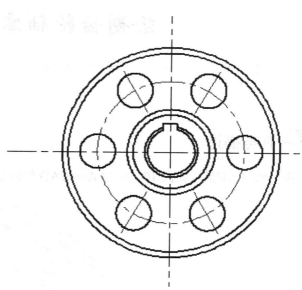

图 9-40　齿轮两视图

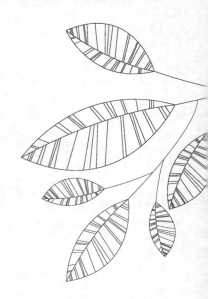

任务十

绘制齿轮轴零件图

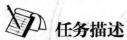 **任务描述**

根据齿轮轴的轴测图（见图 10-1），用 AutoCAD 软件抄绘齿轮轴的零件图，要求如下。

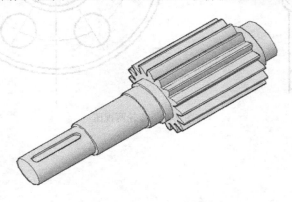

图 10-1　齿轮轴轴测图

1. 按 1∶1 的比例绘制齿轮轴的零件图（见图 10-2），要求符合国家标准规定，图形表达正确，布局合理、美观。

2. 根据样图选择合适的图幅及摆放方式，图框要求有装订边。

3. 按国家标准要求正确、完整地标注零件的尺寸、公差、表面结构代号填写技术要求。

4. 绘制完的图样以"齿轮轴.dwg"命名，保存到指定文件夹中。

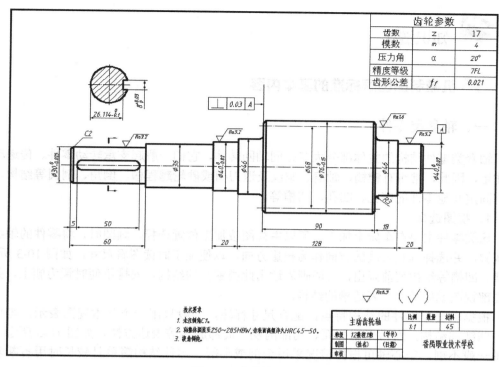

齿轮参数		
齿数	z	17
模数	m	4
压力角	α	20°
精度等级		7FL
齿形公差	ff	0.021

图 10-2　齿轮轴零件图

学习目标

完成本项目后，应具备如下职业能力。

1．能快速识读轴类零件图，说出一张完整轴类零件图所包含的内容。

2．熟悉国家机械制图最新标准，并能根据工艺设计的要求，合理、正确地表达轴类零件。

3．会正确地标注轴类零件图的尺寸公差、表面结构代号和几何公差。

4．具备查阅国家标准资料及相关手册的能力。

5．能熟练运用 AutoCAD 软件绘制轴类零件图。

任务知识与技能分析

	知识与技能点	评价目标
制图知识	轴套类零件	能说出轴套类零件的特征
	加工零件的工艺结构	能指出并绘制出图样中的倒圆和退刀槽等结构
	主视图的选择	能在图样中准确找出主视图，并准确指出图样中选择主视图的原则
	标准直齿圆柱齿轮	会计算标准啮合齿轮中心距
		掌握圆柱齿轮啮合画法
	断面图	能区分断面图与剖视图，会绘制移出断面图并能正确标注

知识链接

机械制图国家标准的基本内容

一、轴套类零件

轴套类零件结构的主体部分大多是同轴回转体，它们一般起支承转动零件、传递动力的作用，因此，常带有键槽、轴肩、螺纹及退刀槽或砂轮越程槽、倒角、倒圆等结构，还常有固定其他零件的销孔、凹孔、凹槽等。

1. 视图选择

这类零件主要在车床上加工，所以主视图按加工位置选择。画图时，将零件的轴线水平放置，并选择垂直轴线的方向作为投影方向，以便加工时读图看尺寸，如图 10-3 所示。键槽、凹槽等结构朝前画出，可清晰表达出此类零件的结构，安排不便时置为朝上，并辅以局部视图或局部剖，表达槽的结构。

根据轴套类零件的结构特点，配合尺寸标注，一般只用一个基本视图表示。零件上的一些细部结构，通常采用断面、局部剖视、局部放大等表达方法，如图 10-3 所示。实心轴一般不剖，空心轴可根据情况采用全剖或半剖。零件结构简单且较长时用折断表示方法。

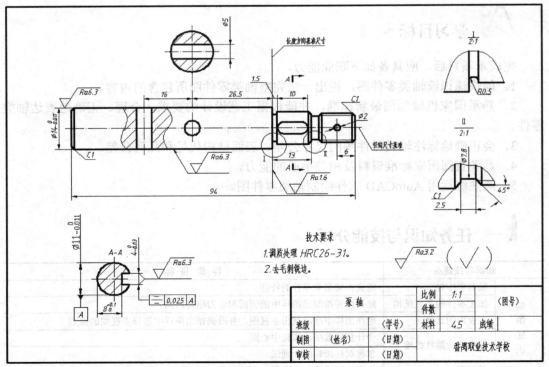

图 10-3 轴类零件图

2．尺寸分析

此类零件各组成部分多数为共轴的圆柱或圆锥。因此，这类零件以轴线为径向尺寸基准，既符合设计要求又符合车、磨时装夹的工艺要求。零件各段直径应直接标出，如图10-3中的 $\phi 14^{0}_{-0.011}$、$\phi 11^{0}_{-0.011}$ 尺寸等。长度方向的尺寸基准通常选用重要的轴肩或端面。

二、零件加工面的工艺结构

1．倒角与圆角

为了便于零件的装配并消除毛刺或锐边，在轴和孔的端部都做出倒角。为减少应力集中的影响，有轴肩处往往制成圆角过渡形式，称为圆角，如图10-4所示。

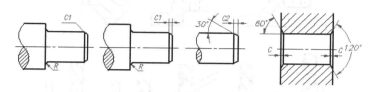

图 10-4　倒角和圆角

2．螺纹退刀槽和砂轮越程槽

在切削加工中，特别是在车螺纹和磨削时，为了便于退出刀具或使砂轮可以稍稍越过加工面，通常在零件待加工面的末端，先车出螺纹退刀槽或砂轮越程槽，如图10-5所示。

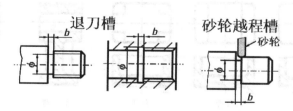

图 10-5　螺纹退刀槽和砂轮越程槽

退刀槽的尺寸标注形式，一般可采用"槽宽×直径"或"槽宽×槽深"形。越程槽一般用局部放大视图画出。

3．钻孔结构

用钻头钻出的盲孔，在底部有一个120°的锥角。钻孔深度是指圆柱部分的深度，不包括锥坑，如图10-6（a）所示。在阶梯钻孔的过渡处，有120°的锥角圆台，其画法及尺寸标注，如图 10-6（a）所示。用钻头钻孔时，要求钻头轴线垂直于被钻孔的端面且结构完整，以保证钻孔准确，同时避免钻头折断，如图10-6（b）所示。

4．凸台与凹坑

为了保证装配时零件间接触良好，减少零件上机械加工的面积，降低加工费用，常在铸件的安装底面、结合面或轴向尺寸较长的配合面设置出凸台、凹坑或凹槽、凹腔，如图10-7所示。对属于不连续的同一表面的凸台，应同时加工，其尺寸只注一次。

同样，为保证接触良好，连接牢固，零件上与螺栓头部或与螺母、垫圈接触的表面，也常设置成凸台或加工出沉孔，如图10-8所示。

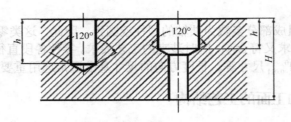

(a) 120°的锥角圆台画法

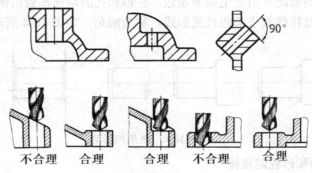

(b) 钻头钻孔的方法

图 10-6 钻孔工艺结构

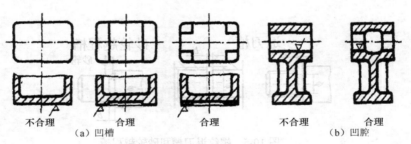

不合理　　合理　　　合理　　不合理　　合理

（a）凹槽　　　　　　　　　　　　　（b）凹腔

图 10-7 凹槽与凹腔

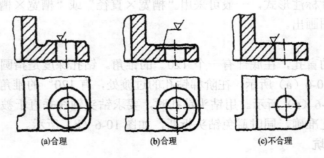

(a)合理　　　(b)合理　　　(c)不合理

图 10-8 凸台与沉孔

三、主视图的选择

主视图是零件图中最重要的视图，其选择的是否合理直接影响到看图、画图是否方便，同时也关系到其他视图的选择。因此，在选择主视图时，应注意以下 3 个原则。

1．形状特征原则

形状特征原则是确定主视图投射方向的依据。要选择能将零件各部分形状及其相对位置反映最好的方向作为主视图的投射方向，如图 10-9 所示。

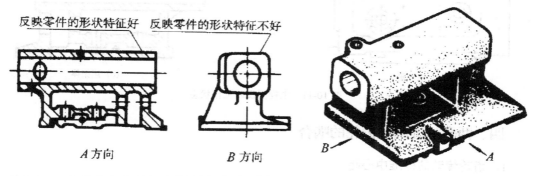

图 10-9　按零件形状特征选择主视图

2．加工位置原则

加工位置是指零件在机床上加工时的装夹位置。主视图与加工位置一致，便于看图、加工。轴、套、轮和圆盖等零件的主视图，一般按车削加工位置安放，即将轴线水平放置，如图 10-10 所示。

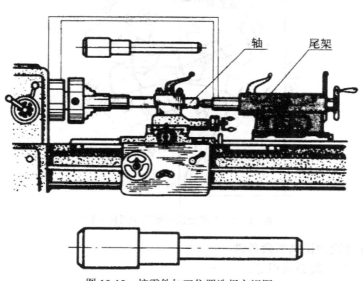

图 10-10　按零件加工位置选择主视图

3．工作位置原则

工作位置是指零件安装在机器中工作时的位置。像叉架、箱体等零件，由于结构形状比较复杂，加工面较多，并且需要在各种不同的机床上加工，因此，这类零件的主视图应按该零件在机器中的工作位置画出，以便按图进行装配，如图 10-11 所示车床左端的主轴箱箱体和右端尾架的尾架体。

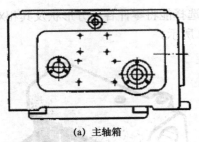
(a) 主轴箱

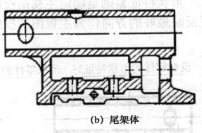
(b) 尾架体

图 10-11　主视图反映工作状态

四、两个标准圆柱齿轮的啮合

1. 齿轮传动的标准中心距

如图 10-12 所示，一对齿轮啮合时，将节圆与分度圆重合时的中心距称为标准安装中心距，用 a 表示。

$$a=（d_1+d_2）/2=m（z_1+z_2）/2$$

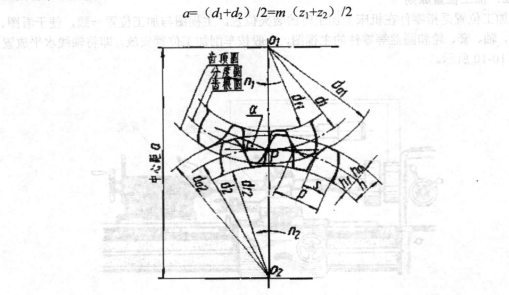

图 10-12　两啮合的标准直齿圆柱齿轮

2. 两圆柱齿轮的正确啮合条件

（1）两齿轮的模数必须相等。

（2）两齿轮分度圆上的压力角必须相等，即 $m_1=m_2=m$，$a_1=a_2=a$。

3. 两圆柱齿轮齿轮啮合画法

啮合齿轮的画法必须遵循如下规定。

（1）在非圆投影的剖视图中，啮合区两齿轮节线重合，画点画线。齿根线画粗实线。齿顶线画法为，一个轮齿为可见，画粗实线，一个轮齿被遮住，画虚线，也可省略不画。

非啮合区按单个齿轮画法绘制，如图 10-13（a）所示。在非圆投影的视图中，啮合区的齿顶线不需画出，节线用粗实线绘制，如图 10-13（c）、（d）所示。

（2）在投影为圆的视图中，啮合区域内节线相切，用细点画线绘制。齿顶圆均用粗实线绘制，也可将啮合区域内的齿顶圆省略不画。啮合齿轮的画法如图 10-13 所示。

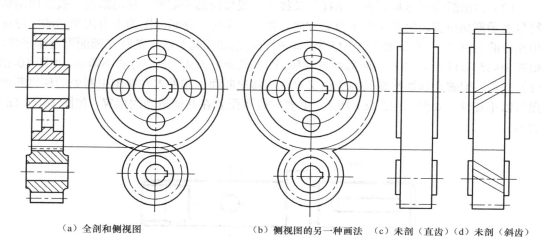

（a）全剖和侧视图　　　　　　（b）侧视图的另一种画法　　（c）未剖（直齿）（d）未剖（斜齿）

图 10-13　圆柱齿轮啮合的画法

五、断面图

1. 断面图的概念

假想用剖切面将机件的某处切断，仅画出断面的形状，并在断面上画出剖面符号的图形，简称断面，如图 10-14（a）所示。断面图常用于表达机件上某些常见的结构，如肋、轮辐、孔、槽等的断面形状。

剖面与剖视的区别在于：断面图是机件上剖切处断面的图形，而剖视图则是剖切平面之后机件的全部，如图 10-14（b）所示。

断面图可分为移出断面和重合断面。

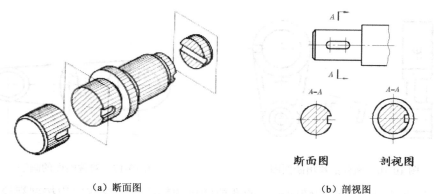

（a）断面图　　　　　　　　　　　　　（b）剖视图

图 10-14　断面图与剖视图

2. 移出断面图画法

画在视图轮廓线之外的断面称为移出断面，如图10-15所示。

画移出断面时，应注意以下几点。

（1）移出断面的轮廓线用粗实线绘制。

（2）移出断面应尽量画在剖切线延长线上，或按投影关配置。移出断面一般应用剖切符号表示剖切位置，用箭头表示投影方向，并注上字母，在断面图的上方用相同的字母标出相应的名称"×-×"，如图10-15所示。配置在剖切线延长线上的移出断面可省略字母，如图10-15（c）所示。当移出断面图形对称，即与投影方向无关时，可省略箭头，如图10-15（b）所示。配置在剖切线延长线上而又对称的移出断面，和配置在视图中断处的移出断面图可以不标注，如图10-15（c）所示。必要时也可配置在其他适当的位置，如图10-15（a）所示。

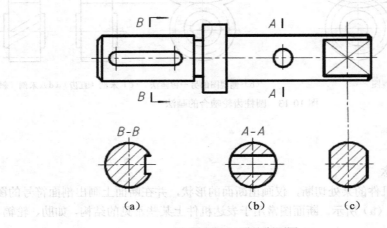

图10-15 移出断面图

（3）由两个或多个相交的剖切平面剖切得出的移出断面，中间一般应断开，如图10-16所示。

（4）断面图形对称时可画在视图的中断处，如图10-17所示。

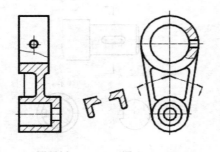

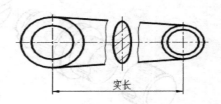

图10-16 断开的移出断面图　　　　图10-17 对称断面的画法

（5）当剖切平面通过回转面形成的孔或凹坑的轴线时，这些结构按剖视绘制，如图10-18（a）所示。

（6）当剖切平面通过非圆孔时，会导致出现完全分离的 2 个断面时，这些结构应按剖视绘制，如图 10-18（c）所示。

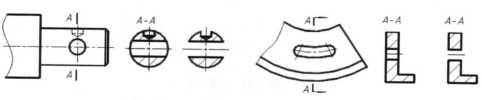

（a）正确　（b）错误　　　　　　　　　　　　　　　　　（c）正确　（d）错误

图 10-18　移出断面的画法

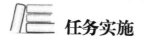 **任务实施**

（1）根据表 10-1 所示齿轮参数计算齿轮的大径、中径和小径。

表 10-1　　　　　　　　　　　　齿轮参数

齿轮参数		
齿数	z	17
模数	m	4
压力角	a	20°
精度等级		7FL
齿形公差	ff	0.021

$d=mz=4×17=68$ mm

$d_a=m（z+2）=4×（17+2）=76$ mm

$d_f=m（z-2.5）=4×（17-2.5）=58$ mm

（2）调用样板 A3 文件"A3.dwt"。

（3）选择视图，按 1∶1 的比例绘制齿轮轴的二维图形。

① 绘制中心线，进行初步布局，如图 10-19 所示。

图 10-19

② 绘制基本轮廓线，如图 10-20 所示。

图 10-20　绘制基本轮廓线

所用命令：直线 、倒角 、圆角 。

③ 镜像，如图 10-21 所示。

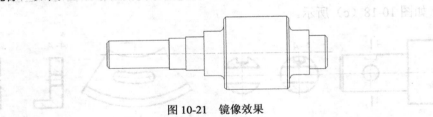

图 10-21   镜像效果

命令：mirror。

选择对象：指定对角点：找到 14 个

选择对象：指定对角点：找到 16 个（14 个重复），总计 16 个

选择对象：

指定镜像线的第一点：

指定镜像线的第一点：指定镜像线的第二点：

要删除源对象吗？ ［是(Y)/否(N)］ <N>：回车

④ 绘制轮齿部分。齿顶画粗实线，分度线画点画线，如图 10-22 所示。

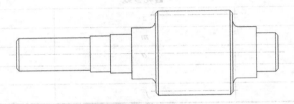

图 10-22   绘制轮齿部分

⑤ 绘制主视图的键槽，如图 10-23 所示。

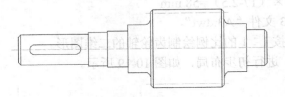

图 10-23   绘制主视图的键槽

操作：单击"绘图"工具栏的"多线段"按钮 ，按尺寸绘制键槽。

⑥ 绘制键槽的移出断面，如图 10-24 所示。

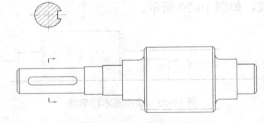

图 10-24   绘制键槽的移出断面

（4）标注尺寸及尺寸公差如图 10-25 所示。

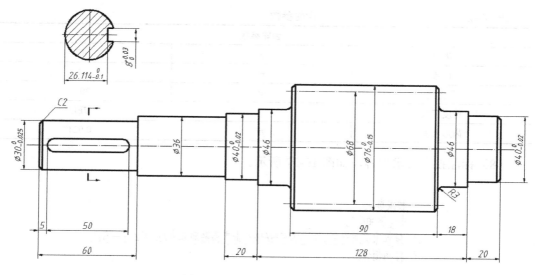

图 10-25　标注尺寸及尺寸公差

（5）表面结构代号的标注。表面结构代号标注要求以块的形式插入，标注内容如图 10-26 所示。

（6）标注几何公差。基准符号要求以块的形式插入，标注内容如图 10-26 所示。

注意：被测要素、基准要素为一般的线或表面时，基准符号、形位公差指引线与尺寸线，要明显错开；被测要素、基准要素为轴线、球心或中心平面时，基准符号与尺寸线对齐。

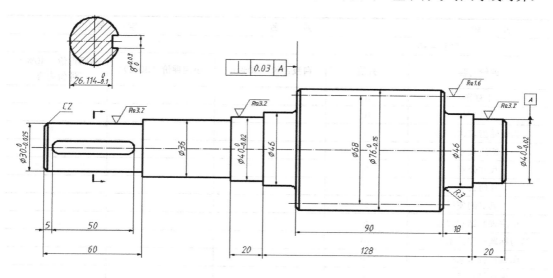

图 10-26　表面结构代号的标注

（7）标注齿轮参数，如表 10-2 所示。

表 10-2　　　　　　　　　　　齿轮参数

齿轮参数		
齿数	z	17
模数	m	4
压力角	a	20°
精度等级		7FL
齿形公差	ff	0.021

（8）标注技术要求内容，如图 10-27 所示。

技术要求
1. 未注倒角C1。
2. 轴整体调质至250~285HBW,齿表面高频淬火HRC45—50。
3. 棱角倒钝。

图 10-27　标注技术要求内容

（9）填写标题栏，保存文件。

 任务评价

班　级			姓　名		学　号	
项目名称						
评价内容	分值	自我评价（30%）		小组评价（30%）	教师评价（40%）评价内容	
主视图	10					
左视图	10					
齿轮轮齿表达正确	5					
标注尺寸	5					
尺寸公差	5					
几何公差	5					
工具书的使用	5					
标注表面结构代号	5					
填写标题栏和技术要求	10					
图线符合国家标准	10					
保存最佳状态	10					
与组员的合作交流	10					
课堂的组织纪律性	10					
总　　分	100					
总　　评						

任务拓展

一、抄绘如图 10-28 所示输出轴零件图。

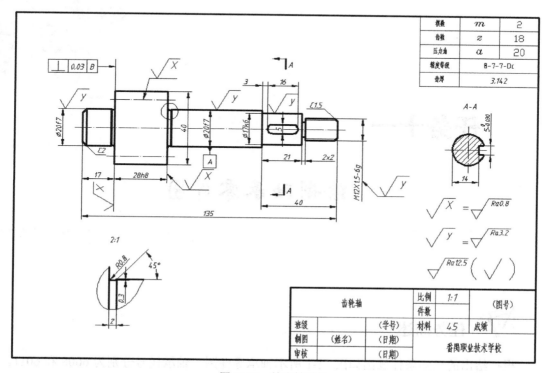

模数	m	2
齿数	z	18
压力角	α	20
精度等级		8-7-7-Dc
齿厚		3.142

齿轮轴		比例	1:1	(图号)
		件数		
班级		材料	45	成绩
制图	(姓名)	(日期)	番禺职业技术学校	
审核		(日期)		

图 10-28　输出轴零件

二、识读图 10-28，完成下列练习题。

1. 说明 $\Phi 20f7$ 的含义：$\Phi 20$ 为_____，f7 是_____。如将 $\Phi 20f7$ 写成有上下偏差的形式，注法是_____。

2. 说明图中几何公差框格的含义：符号 ⊥ 表示_____，数字 0.03 是_____，B 是_____。

3. 齿轮轴零件图中表面结构要求最高的是_____，共有_____处；要求最低的是_____。

4. 指出图中的工艺结构：它有_____处倒角，其尺寸分别为_____，有_____处退刀槽，其尺寸为_____。

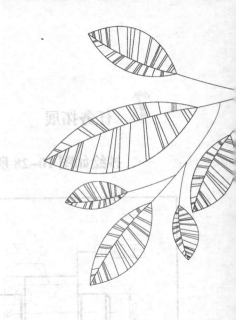

任务十一

绘制轴承零件图

Chapter 11 ————

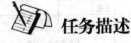 **任务描述**

根据给出的已知条件画出如图 11-1 所示轴承零件图。轴承代号分别为 6008 和 6011。查表确定参数，按规定画法画出，要求如下。

1. 要求符合国家标准规定，图形表达正确，布局合理、美观。

2. 选择图幅"A4"，竖放，图框要求不留装订边。

3. 按国家标准要求正确、完整地标注尺寸。

4. 画好的图样分别以"轴承 6008.dwg"和"轴承 6011.dwg"命名，保存到"减速器"文件夹中。

 学习目标

完成本项目后，应具备如下职业能力。

1. 能在图样中认出滚动轴承，并正确识读滚动轴承的代号。

2. 会根据代号查工具书，确定滚动轴承的主要参数。

3. 熟悉滚动轴承的简化画法。

4. 能熟练运用 AutoCAD 软件绘制滚动轴承的图样。

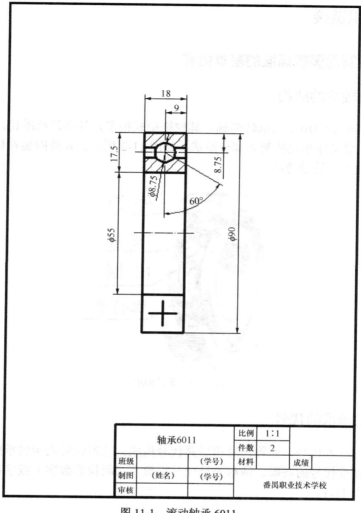

图 11-1 滚动轴承 6011

轴承6011	比例	1∶1	
	件数	2	
班级	(学号)	材料	成绩
制图	(姓名)	(学号)	番禺职业技术学校
审核			

![figure icon] **任务知识与技能分析**

	知识与技能点	评价目标
制图知识	滚动轴承	能说出常用滚动轴承的名称
		能根据滚动轴承代号中的内径代号说出轴承内径值
		能在图样中认出滚动轴承，并能用简化画法绘制滚动轴承
		会查表确定轴承主要数据

知识链接

 机械制图国家标准的基本内容

一、滚动轴承的结构

滚动轴承在机器中用于支承转动轴。其规格型式很多，且都已标准化。滚动轴承一般由外圈、内圈、滚动体和保持架 4 部分组成，如图 11-2 所示。其外圈装在机座上，固定不动；内圈套在轴上，随轴转动。

外圈
滚珠
内圈
保持架

图 11-2　滚动轴承

二、滚动轴承的代号

轴承代号由基本代号、前置代号和后置代号构成。基本代号表示轴承的基本类型、结构和尺寸，是轴承代号的基础。轴承类型代号用数字（阿拉伯数字）或字母（大写英文字母）表示，见表 11-1。

表 11-1　　　　　　　　　　　　　轴承类型代号

代号	0	1	2	3	4	5	6	7	8	N	U	QJ
轴承类型	双列角接触球轴承	调心球轴承	调心滚子轴承和推力调心滚子轴承	圆锥滚子轴承	双列深沟球轴承	推力球轴承	深沟球轴承	角接触球轴承	推力圆柱滚子轴承	圆柱滚子轴承	外球面球轴承	四点接触球轴承

尺寸系列代号由轴承宽（高）度系列代号和直径系列代号组合而成，均用 2 位数字表示。它的主要作用是区别内径相同而宽（高）度和外径不同的轴承。

内径代号表示轴承的公称内径，用 2 位数字表示，见表 11-2 轴承类型代号。

三、滚动轴承的画法

滚动轴承是标准件，其画法有采用简化和规定画法 2 种，见表 11-3。

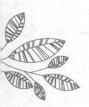

表 11-2   轴承类型代号

轴承公称内径/mm		内径代号	示例
0.6～10（非整数）		用公称内径毫米数直接表示，在其与尺寸系列代号之间用"/"分开	深沟球轴承 618/2.5 d=2.5 mm
1～9（整数）		用公称内径数值（单位：mm）直接表示，对于深沟及角接触球轴承 7、8、9 直径系列，内径与尺寸系列代号之间用"/"公开	深沟球轴承 625 深沟球轴承 618/5 d=5 mm
10～17	10 12 15 17	00 01 02 03	深沟球轴承 6200 d=10 mm
20～480（22、28、32 除外）		公称内径除以 5 的商数。商数为个位数，需在商数左边加"0"，如 08	调心滚子轴承 23208 d=40 mm
≥500 以及 22、28、32		用公称内径数值（单位：mm）直接表示，在其与尺寸系列代号之间用"/"分开	调心滚子轴承 230/500 d=500 mm 深沟球轴承 62/22 d=22 mm

表 11-3   滚动轴承的画法

类型名称和标准号	结构	简化画法		规定画法
		通用画法	特征画法	
深沟球轴承 GB/T 276—1994				
圆锥滚子轴承 GB/T 297—1994				

续表

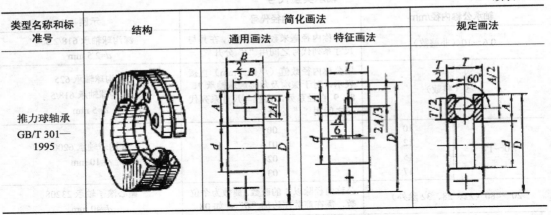

类型名称和标准号	结构	简化画法		规定画法
		通用画法	特征画法	
推力球轴承 GB/T 301—1995				

绘制滚动轴承时应遵守以下规则。

（1）各种符号、矩形线框和轮廓线均用粗实线绘制。

（2）矩形线框或外形轮廓的大小应与滚动轴承的外形尺寸一致。

（3）采用规定画法绘制滚动轴承的剖视图时，其滚动体不画剖面线，其各套圈等可画成方向和间隔相同的剖面线。在不致引起误解的前提下，也允许省略不画。

任务实施

（1）查表确定图 11-3 所示轴承的各参数。

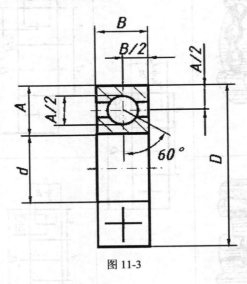

图 11-3

（2）调用样板 A4 文件"A4.dwt"。

（3）选择视图，按 1∶1 的比例绘制图形。

① 绘制中心线，进行初步布局。

② 按规定画法绘制轴承，如图 11-4 所示。

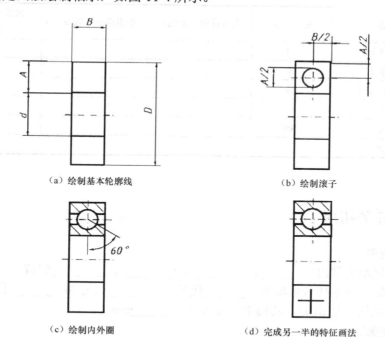

（a）绘制基本轮廓线　　　　　　　　（b）绘制滚子

（c）绘制内外圈　　　　　　　　（d）完成另一半的特征画法

图 11-4　绘制滚动轴承

（4）标注尺寸。

根据图 11-3 标注尺寸。

（5）填写标题栏，保存文件。

分别以"轴承 6008.dwg"和"轴承 6011.dwg"命名，保存到指定的文件夹中。

 任务评价

班　　级		姓　　名		学　　号	
项目名称					
评价内容	分　　值	自我评价（30%）	小组评价（30%）	教师评价（40%）评价内容	
图样 1 正确率	10				
图样 2 正确率	10				
工具书的使用	10				
轴承 1 参数的确定	5				
轴承 2 参数的确定	5				
标注尺寸 1	5				
标注尺寸 2	5				
填写标题栏和技术要求	10				

续表

评价内容	分 值	自我评价（30%）	小组评价（30%）	教师评价（40%）评价内容
图线符合国家标准	10			
保存最佳状态	10			
与组员的合作交流	10			
课堂的组织纪律性	10			
总 分	100			
总 评				

？ 任务拓展

一、填空题。

1. 滚动轴承通常由_____、_____、_____、_____组成。

2. 滚动轴承基本代号由轴承_____代号、_____代号和_____代号构成。

3. 一轴承代号是 6105，其轴承内径等于_____mm。

二、绘图题。

1. 试用规定画法画出图 11-5 所示 6206 轴承（右端面紧靠轴肩）。

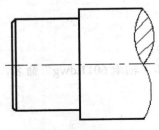

图 11-5　6206 轴承

2. 试用规定画法画出图 11-6 所示 30206 轴承（右端面紧靠轴肩）。

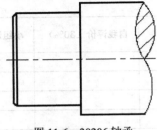

图 11-6　30206 轴承

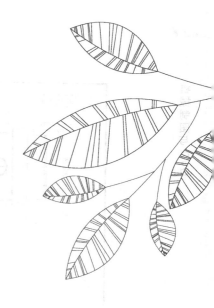

任务十二

绘制传动轴零件图

 **任务描述**

在 AutoCAD 软件中绘制如图 12-1 所示的传动轴零件图，具体要求如下。

1．按 1∶1 的比例绘制如图 12-1 所示的传动轴零件图，要求符合国家标准规定，图形表达正确，布局合理、美观。

2．根据样图选择合适的图幅，图框要求有装订边。

3．按国家标准要求正确、完整地标注传动轴尺寸、公差、表面结构代号，填写技术要求。

4．绘制完的图样以"传动轴.dwg"命名，保存到指定文件夹中。

 **学习目标**

完成本项目后，应具备如下职业能力。

1．能合理选择正确的表达方法表达轴类零件。

2．会正确地标注轴类零件图的尺寸公差、表面结构代号和几何公差代号。

3．能快速识读轴类零件图，说出一张完整轴类零件图所包含的内容。

4．能熟练运用 CAD 软件绘制传动轴零件图。

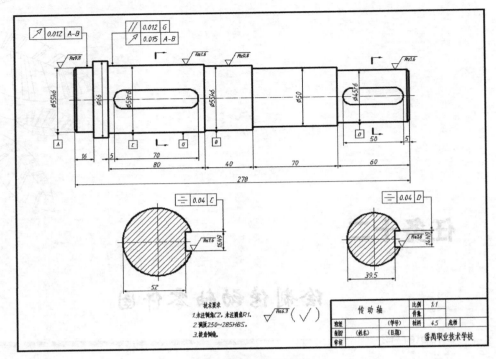

图 12-1　传动轴零件图

 任务知识与技能分析

	知识与技能点	评价目标
制图知识	局部放大图	能在一张零件图中正确指出采用的局部放大图，并会绘制局部放大图
	零件图的尺寸标注	能正确指出零件的尺寸基准，会标注零件图的尺寸
	尺寸公差	能说出公差带代号和公差等级的含义，并能正确标注
	回转体上平面的画法	能在一张零件图中正确指出和绘制回转体上小平面的表达方式
CAD知识	文字编辑	会编辑罗马数字
	标注尺寸公差	会标注对称尺寸公差
	打断命令	能灵活运用打断命令

 知识链接

 机械制图国家标准的基本内容

一、局部放大图

1．局部放大图的概念

为了把物体上某些结构在视图上表达清楚，可以将这些结构用大于原图形的比例画出，这种图形称为局部放大图，如图 12-2 所示。

局部放大图可画成视图、剖视图、断面图，它与被放大部分的表达方式无关。

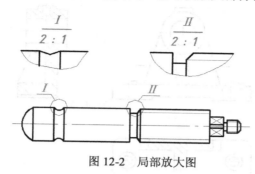

图 12-2 局部放大图

2. 局部放大图的画法及注意事项

（1）绘制局部放大图时，用细实线圆或长圆圈出被放大的部位，并尽量配置在被放大部位的附近。

（2）当同一物体有几处被放大的部位时，必须用罗马数字依次标明，并在上方标注出相应的大写罗马数字和采用的比例，如图 12-3 所示。若只有一处被放大时，在局部放大图上方只需注明所采用的比例。

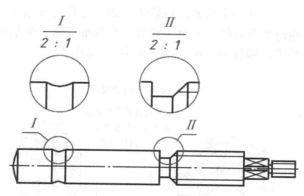

图 12-3 局部放大图的标注

二、零件图的尺寸标注

在标注轴套类零件的尺寸时，常以它的轴线作为径向尺寸基准。这样就把设计上的要求和加工时的工艺基准（轴类零件在车床上加工时，两端用顶针顶住轴的中心孔）统一起来了。而长度方向的基准常选用重要的端面、接触面（轴肩）或加工面等。

1. 零件图尺寸标注的原则

合理标注零件图尺寸时，既要满足设计要求，又要符合加工测量等工艺要求。

（1）正确地选择基准。

① 设计基准。根据零件结构特点和设计要求而选定的基准，称为设计基准，如图 12-4 所示。零件有长、宽、高 3 个方向，每个方向都要有一个设计基准，该基准又称为主要基准。

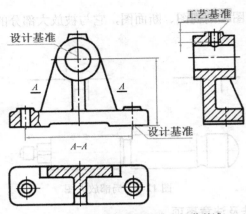

图 12-4 零件的设计基准和工艺基准

对于轴套类和轮盘类零件，实际设计中经常采用的是轴向基准和径向基准，而不用长、宽、高基准。

② 工艺基准。在加工时，确定零件装夹位置和刀具位置的一些基准以及检测时所使用的基准，称为工艺基准。工艺基准有时可能与设计基准重合。该基准不与设计基准重合时又称为辅助基准。零件同一方向有多个尺寸基准时，主要基准只有一个，其余均为辅助基准。辅助基准必有一个尺寸与主要基准相联系，该尺寸称为联系尺寸。

零件的长、宽、高每个方向的尺寸至少都有一个基准，这3个基准就是主要基准。必要时还可以增加一些基准，即辅助基准（次要基准），如图 12-5 所示。

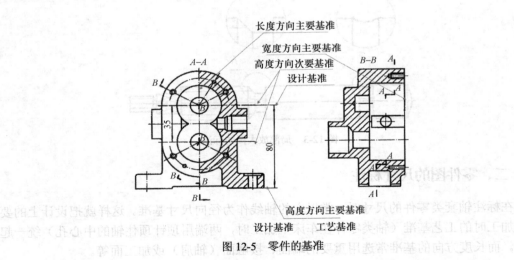

图 12-5 零件的基准

（2）选择基准的原则。

尽可能使设计基准与工艺基准一致，以减少2个基准不重合而引起的尺寸误差。当设计基准与工艺基准不一致时，应以保证设计要求为主，将重要尺寸从设计基准注出，次要基准从工艺基准注出，以便加工和测量。

2．合理标注尺寸应注意的问题

（1）重要尺寸是指零件上与机器的使用性能和装配质量有关的尺寸。这类尺寸应从设

计基准直接注出。如图 12-6（a）所示，应直接从高度方向主要基准直接注出，以保证精度要求。

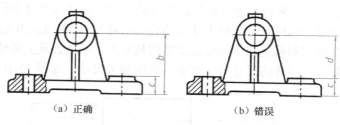

（a）正确　　　　　　　　　　（b）错误

图 12-6　重要尺寸从设计基准直接注出

注意：主要尺寸直接注出，以保证加工时达到设计要求，避免尺寸之间的换算。

（2）应尽量符合加工顺序。对零件上没有特殊要求的尺寸，一般可按加工顺序标注，这样可方便按图加工，如图 12-7 所示。

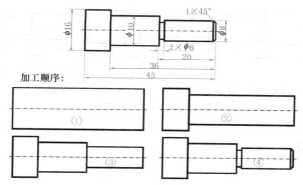

图 12-7　按加工顺序标注尺寸

（3）应便于测量。标注尺寸时，在满足设计要求的前提下，应考虑测量方便。尽量做到使用普通量具就能测量，以便减少专用量具的设计和制造，如图 12-8 所示。

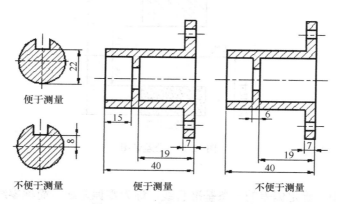

图 12-8　尺寸标注要便于测量标注

（4）避免标注封闭的尺寸链。

所谓封闭尺寸链，是指零件同一方向上的尺寸，象链条一样，一环扣一环，首尾相接，成为封闭形式。标注尺寸时应注意避免这种情况。如图 12-9 所示，各分段尺寸与总体尺寸间形成封闭的尺寸链。在机器生产中，这是不允许的。因为各段尺寸加工不可能绝对准确，总有一定尺寸误差，而各段尺寸误差的和不可能正好等于总体尺寸的误差。为此，在标注尺寸时，应将次要的轴段尺寸空出不注（称为开口环），如图 12-10（a）所示。这样，其他各段加工的误差都积累至这个不要求检验的尺寸上，而全长及主要轴段的尺寸则因此得到保证。如需标注开口环的尺寸时，可将其注成参考尺寸，如图 12-10（b）所示。

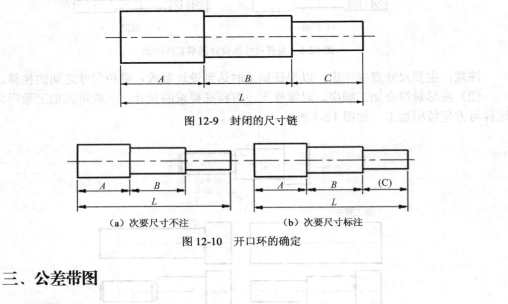

图 12-9　封闭的尺寸链

（a）次要尺寸不注　　　　　　（b）次要尺寸标注

图 12-10　开口环的确定

三、公差带图

1. 公差带

由代表上、下偏差的 2 条直线所限定的一个区域称为公差带。为了便于分析，一般将尺寸公差与公称尺寸的关系，按放大比例画成简图，称为公差带图，如图 12-11 所示。

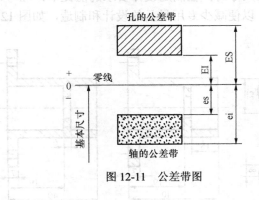

图 12-11　公差带图

2. 零线

在公差带图中，确定偏差的一条基准直线，称为零偏差线，简称零线，通常零线表示公称尺寸，如图 12-11 所示。

3. 标准公差

用以确定公差带大小的任一公差。国家标准将公差等级分为 20 级：IT01、IT0、IT1～

IT18。"IT"表示标准公差。公差等级的代号用阿拉伯数字表示。IT01~IT18，精度等级依次降低。标准公差等级数值可查阅有关技术标准。

4. 基本偏差

用以确定公差带相对于零线位置的上偏差或下偏差，一般是指靠近零线的那个偏差。根据实际需要，国家标准分别对孔和轴各规定了 28 个不同的基本偏差，如图 12-12 所示。

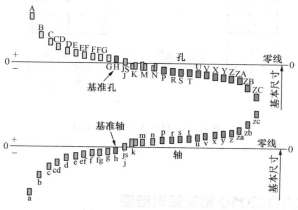

图 12-12　基本偏差系列图

基本偏差用英文字母表示，大写字母代表孔，小写字母代表轴。

公差带位于零线之上，基本偏差为下偏差。

公差带位于零线之下，基本偏差为上偏差。

5. 公差带代号

公差带代号由基本偏差与公差等级代号组成，并且要用同一号字母和数字书写。例如 ϕ50H8 的含义是：

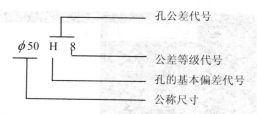

此公差带的全称是：公称尺寸为 ϕ50，公差等级为 8 级，基本偏差为 H 的孔的公差带。又如 ϕ50f7 的含义是：

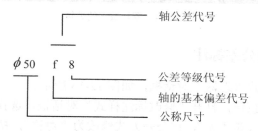

此公差带的全称是：公称尺寸为 ϕ50，公差等级为 8 级，基本偏差为 f 的轴的公差带。

四、机件上小平面的画法

当回转体机件上的平面在图形中不能充分表达时，可用相交的 2 条细实线表示，如图 12-13 所示。

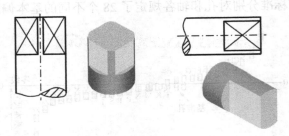

图 12-13　机件上小平面的画法

AutoCAD 2010 相关知识链接

一、AutoCAD 2010 罗马数字的编辑

在文字格式下，字体可设为中文的如宋体、仿宋等，可使用智能 ABC 或搜狗中文输入法等输入，在小写状态下，输入"v2"，翻几页就见到了罗马数字，如图 12-14 所示。

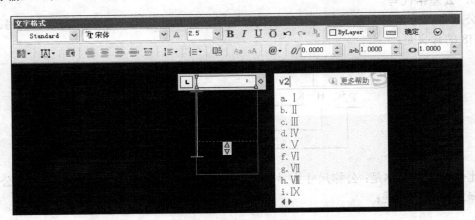

图 12-14　罗马数字的编辑

二、对称尺寸的公差标注

（1）打开"标注样式管理器"对话框，如图 12-15 所示。

（2）单击"修改"按钮，打开"修改标注样式"对话框，选择"公差"选项卡。

软件默认的公差方式是"无"，将公差方式修改为"对称"，精度按默认，将上偏差数字按照图纸要求修改，例如修改为"0.02"。垂直位置修改为"中"，然后单击确定。

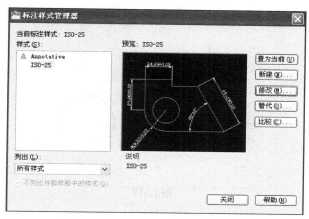

图 12-15 "标注样式管理器"对话框

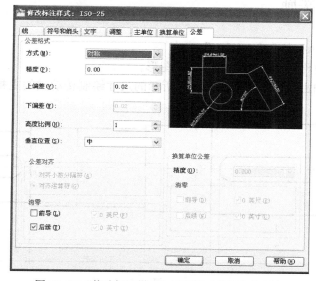

图 12-16 "修改标注样式"对话框"公差"选项卡

三、打断命令

① 工具栏：单击"修改"工具栏 按钮。

② 菜单命令：选择"修改"|"打断"命令。

③ 命令行：BR（break）。

输入命令后，选择对象。选择对象的拾取点为第一断点（若要另外指定第一点，可使用选项"第一点（F）"），再指定第二断点即可。

第二断点若不在对象上，则按指定点到对象的最近点断开即可，如图 12-17（a）所示。

若第二断点在端点及端点以外，则从第一断点起被剪去，如图 12-17（b）所示

若在提示输入第二点时输入"@"，则第二点与第一点重合，对象被一分为二（但是圆的 2 个断点不能重合），如图 12-17（c）所示，这种打断情况有一个专用的图标 。

注意：圆从第一点沿逆时针到第二点断开，如图 12-17（d）所示。

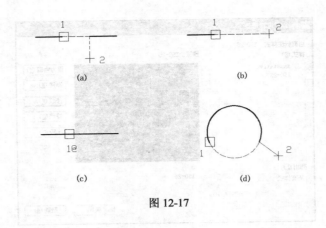

图 12-17

任务实施

（1）调用样板 A4 文件"A4.dwt"。

（2）按 1∶1 的比例绘制传动轴的二维图形。

① 绘制传动轴主视图。按照图 12-18 所示的尺寸绘制传动轴的主视图。

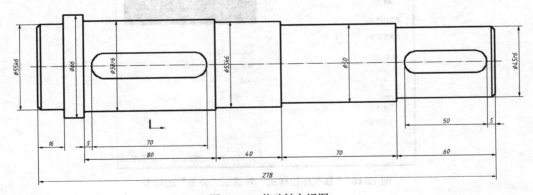

图 12-18 传动轴主视图

② 绘制传动轴 2 个键槽的移出断面图，如图 12-19 所示。移出断面图表达了传动轴上 2 个键槽的深度和宽度。

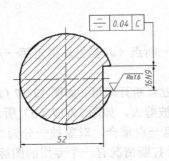
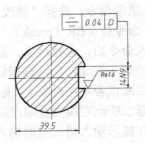

图 12-19

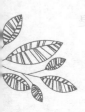

（3）标注尺寸及尺寸公差。

① 设置尺寸标注样式。

② 尺寸标注。

在 AutoCAD 中，在线型尺寸前边加注直径符号"ϕ"时，可以直接输入相应的控制码"%%c"，也可以在多行文本对话框中单击鼠标右键，在右键菜单中选择"符号"下面所需的子菜单，如图 12-20 所示。

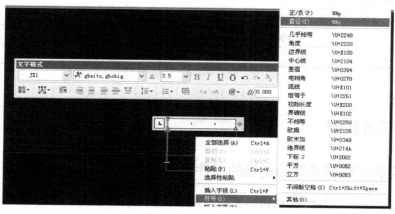

图 12-20　右键菜单

③ 标注尺寸公差。

（4）标注表面结构代号。

要求表面结构以块的形式插入标注。

（5）标注几何公差。

采用快速引线标注几何公差代号。

（6）按图 12-21 所示填写技术要求。

（7）填写标题栏，保存文件。

技术要求

1.未注倒角C2，未注圆角R1。

2.调质250~285HBS。

3.棱角倒钝。

图 12-21　技术要求

 ## 任务评价

班　　级		姓　　名		学　　号	
项目名称					
评价内容	分　　值	自我评价（30%）	小组评价（30%）	教师评价（40%）评价内容	
传动轴主视图	5				
移出断面图	10				
标注尺寸	10				
尺寸公差	15				
几何公差	5				
标注表面结构代号	10				

续表

评价内容	分 值	自我评价（30%）	小组评价（30%）	教师评价（40%）评价内容
填写标题栏和技术要求	5			
保存最佳状态	5			
图线符合国家标准	5			
与组员的合作交流	10			
课堂的组织纪律性	10			
总 分	100			
总 评				

任务拓展

一、绘制蜗轮减速器传递轴的零件图。

要求：抄绘如图 12-22 所示输出轴零件图，要求选择正确的表达方式，并且完整、合理地标注尺寸、表面结构代号及几何公差。

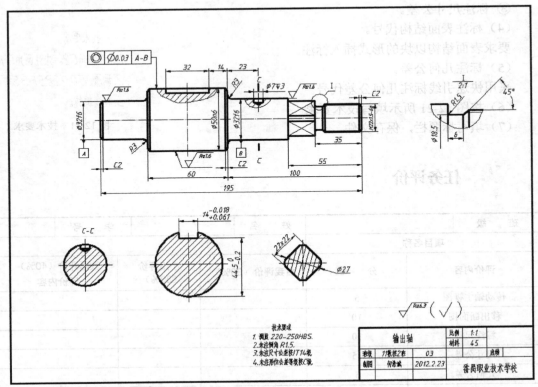

图 12-22 输出轴零件图

二、识读输出轴零件图，完成下列练习题。

1. 一张完整的零件图所包含的内容有_____。

2. 零件的名称为_____，材料是_____，绘图比例为_____。

3. 零件图采用的表达方法有_____。

4. 键槽的长度为_____，宽度为_____，深度为_____。

5. 解释螺纹 M22×1.5－6g 的含义_____。

6. 零件图中未注圆角是_____，热处理方式是_____。

7. 在轴的加工表面中，要求最光洁的表面其表面结构要求代号为_____，这种表面有_____处。

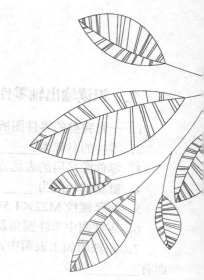

任务十三

绘制箱盖零件图

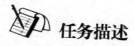

任务描述

1. 按 1：2 的比例绘制图 13-1 所示的箱盖零件图，要求符合国家标准规定，图形表达正确，布局合理、美观。

2. 根据样图选择合适的图幅，图框要求有装订边。

3. 按国家标准要求正确、完整地标注零件尺寸、公差、表面结构代号，填写技术要求。

4. 绘制完的图样以"箱盖.dwg"命名，保存到指定文件夹中。

学习目标

完成本项目后，应具备如下职业能力。

1. 能正确指出箱体类零件图中所采用的表达方式。

2. 能看懂箱体类零件图中所标注的尺寸、尺寸公差、几何公差、表面结构要求等技术要求。

3. 能说出铸造类零件对结构的基本要求。

4. 能运用 CAD 软件抄绘中等复杂程度的箱体类零件图。

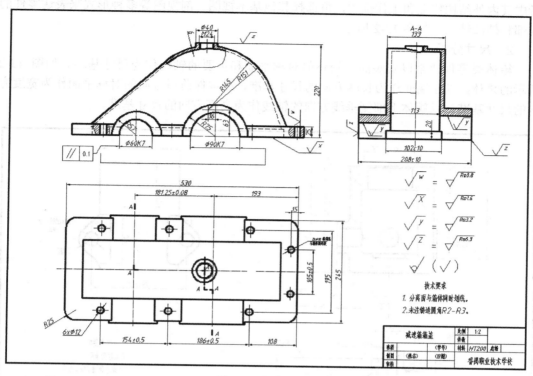

图 13-1　箱盖零件图

任务知识与技能分析

	知识与技能点	评 价 目 标
制 图 知 识	箱体类零件	能说出箱体类零件的特征
	铸造工艺结构	能说出箱体类零件铸造工艺结构，并指出其（过渡线）在图形中的表达方式
	基本视图	能在一张零件图中正确指出基本视图的名称，并能正确绘制
	配合	能根据公差带代号判别配合制的类型和配合的种类

知识链接

机械制图国家标准的基本内容

一、箱体类零件

箱体类零件是用来支承、包容、保护运动着的零件或其他零件的。

1．视图选择

一般来说，箱体类零件的内部结构比较复杂，加工位置较多。在选择主视图时，主要考虑其内外结构特征和工作位置，再选择其他基本视图、剖视图等多种形式来表达零件的内部和外部结构，如图13-2所示。

2．尺寸分析

箱体类零件通常以安装面、箱体的对称平面和重要的轴线作为尺寸基准。如图13-2所示的泵体，以左端面作为长度方向的尺寸基准，以零件前后方向的对称平面作为宽度方向的尺寸基准，以阀体下部侧垂线方向的轴线作为高度方向的尺寸基准。

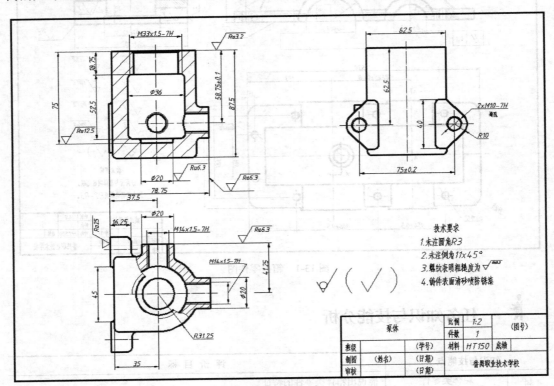

技术要求

1.未注圆角R3
2.未注倒角1×45°
3.螺纹表明粗糙度为 $\sqrt{Ra3}$
4.铸件表面清砂喷防锈漆

泵体		比例	1:2		(图号)
		件数	1		
套级		(学号)	材料	HT150	底涂
制图	(姓名)	(日期)		番禺职业技术学校	
审校		(日期)			

图13-2　泵件零件图

二、铸造件对结构的要求

1．铸造圆角

铸件表面相交处应有圆角，以免铸件冷却时产生缩孔或裂纹，同时防止脱模时砂型落砂，如图13-3所示。铸造圆角半径在图上一般不标注，而是写在技术要求中。

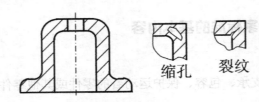

缩孔　裂纹

图13-3　铸造圆角

由于铸造圆角的存在，使得铸件表面的相贯线变得不明显。为了区分出不同表面，将其以过渡线的形式画出。过渡线的画法与交线的画法基本相同，只是，在过渡线的两端与圆角轮廓线之间应留有间隙。

（1）两曲面相交过渡线的画法，如图 13-4 所示。

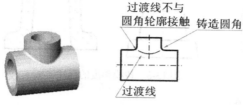

图 13-4　两曲面相交

（2）两等直径圆柱相交过渡线的画法，如图 13-5 所示。

图 13-5　两等直径圆柱相交

（3）平面与平面、平面与曲面相交过渡线画法，如图 13-6 所示。

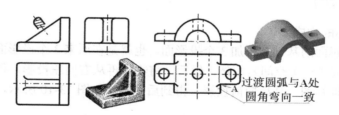

图 13-6　平面与平面、平面与曲面相交

（4）圆柱与肋板组合时过渡线的画法，如图 13-7 所示。

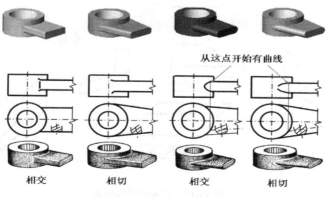

图 13-7　圆柱与肋板组合

2. 拔模斜度

铸件在内外壁沿起模方向应有斜度，称为拔模斜度。当斜度较大时，应在图中表示出来，否则不予表示，如图 13-8 所示。

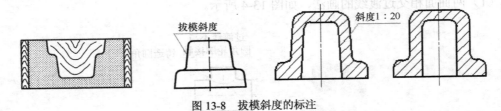

图 13-8　拔模斜度的标注

3. 铸造件壁厚要均匀

在浇铸零件时，为了避免各部分因冷却速度不同而产生缩孔或者裂纹，铸件的壁厚应保持大致均匀，或采用渐变的方式，并尽量保持壁厚均匀，如图 13-9 所示。

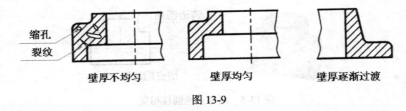

图 13-9

三、基本视图

1. 基本视图的构成

如果在三投影面的基础上再加 3 个投影面，也就是在原来 3 个投影面的对面，再增加 3 个面，在就构成了一个空间六面体。然后，将物体再从右向左投影，得到右视图；从下向上投影，得到仰视图；从后向前投影，得到后视图。如图 13-10 所示。

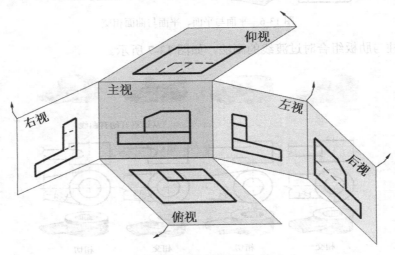

图 13-10　基本视图的构成

这样加上原来的三视图，就得到主视图、俯视图、左视图、右视图、仰视图、后视图。这 6 个视图称为基本视图。其中主视图、俯视图、左视图分别用 V、H、W 表示。

2．六面视图对应的关系

六面视图对应的关系，如图 13-11 所示。

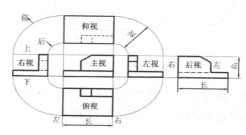

图 13-11　六面视图对应关系

度量对应关系仍然遵守"三等关系"，即，长对正、高平齐、宽相等。

方位对应关系：除后视图外，靠近主视图的一边是物体的后面，远离主视图的一边是物体的前面。

3．六面视图的配置

6 个基本视图的配置，如图 13-12 所示。

主视图为基准。俯视图配置在主视图下方。左视图配置在主视图右方。右视图配置在主视图左方。仰视图配置在主视图上方。后视图配置在左视图右方。

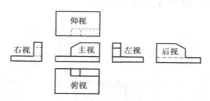

图 13-12　六面视图的配置

四、配合

1．配合的基本概念

配合是指公称尺寸相同，相互结合的孔和轴的公差带之间的关系，如图 13-13 所示。零件加工后进行组装时，常使用配合这一概念来反映零件组装后的松紧程度。根据孔、轴公差带相对位置不同，配合可分为间隙配合、过盈配合、过渡配合 3 大类。

图 13-13　配合

2．配合的种类

（1）间隙配合。孔的公差带完全在轴的公差带之上，任取其中一对轴和孔相配，都成为具有间隙的配合（包括最小间隙为零），如图 13-14 所示。

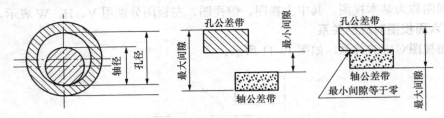

图 13-14　间隙配合

（2）过盈配合。孔的公差带完全在轴的公差带之下，任取其中一对轴和孔相配都成为具有过盈的配合（包括最小过盈为零），如图 13-15 所示。

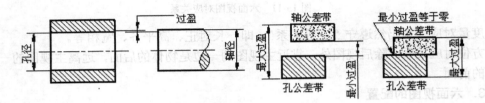

图 13-15　过盈配合

（3）过渡配合。孔和轴的公差带相互交叠，任取其中一对孔和轴相配合，可能具有间隙，也可能具有过盈的配合，如图 13-16 所示。

图 13-16　过渡配合

3．配合制

（1）基孔制。基孔制是基本偏差为一定的孔的公差带，与不同基本偏差的轴的公差带形成的各种配合的一种制度。基孔制的孔，称为基准孔，用代号 H 表示，其下偏差为零。

基准孔与不同基本偏差的轴形成不同的配合，如图 13-17 所示。

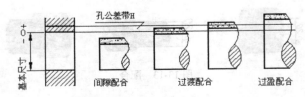

图 13-17　基孔制配合

轴的基本偏差为 a～h 时，是间隙配合。

轴的基本偏差为 j、js、k、m、n 时，是过渡配合。

轴的基本偏差为 p～zc 时，是过盈配合。

（2）基轴制。基轴制是基本偏差为一定的轴的公差带，与不同基本偏差的孔的公差带形成的各种配合的一种制度。基轴制的轴，称为基准轴，用代号 h 表示，其上偏差为零。

基准轴与不同基本偏差的孔形成不同的配合，如图 13-18 所示。

孔的基本偏差为 A～H 时，是间隙配合。

孔的基本偏差为 J、JS、K、M、N 时，是过渡配合。

孔的基本偏差为 P～ZC 时，是过盈配合。

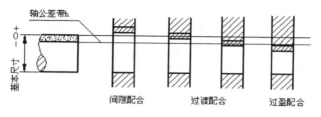

图 13-18 基轴制配合

4．配合制的选择

（1）优先选择基孔制。

（2）有明显经济效益时选用基轴制，如，用冷拉钢做轴、滚动轴承的外圈与孔相配合。

（3）一轴多孔配合选用基轴制，如活塞的配合。

5．公差与配合的标注

（1）在装配图中的标注方法。配合的代号由 2 个相互结合的孔和轴的公差带的代号组成，用分数形式表示，分子为孔的公差带代号，分母为轴的公差带代号。标注的通用形式如图 13-19 所示。

（2）在零件图中的标注方法。如图 13-20 所示，图 13-20（a）所示为标注公差带的代号，图 13-20（b）所示为标注偏差数值，图 13-20（c）所示为公差带代号和偏差数值一起标注。

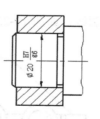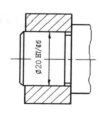

图 13-19 装配图中尺寸公差的标注方法

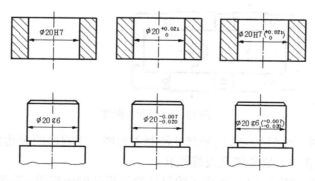

（a）标注公差带代号　　（b）标注偏差数值　　（c）标注公差带代号和偏差数值

图 13-20 零件图中尺寸公差的标注方法

任务实施

（1）调用样板 A3 文件"A3.dwt"。

（2）按 1：2 的比例绘制箱盖的二维图形。

① 绘制中心线，进行初步布局，如图 13-21 所示。

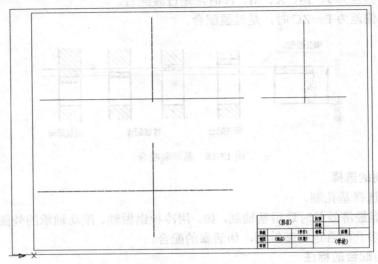

图 13-21　初步布局

② 绘制部分轮廓线，如图 13-22 所示。

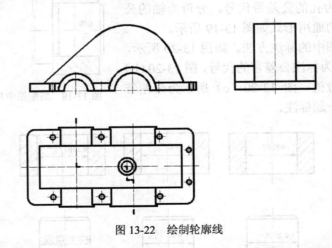

图 13-22　绘制轮廓线

③ 绘制主视图。按图 13-23 所示尺寸绘制主视图。主视图的表达方式是局部剖视图，用来表达顶部螺纹孔和盖底的销孔及螺栓孔。

④ 绘制俯视图。按照图 13-24 所示的尺寸绘制箱盖的俯视图。俯视图的表达方式是外形视图，以表达箱盖的形状和结构。

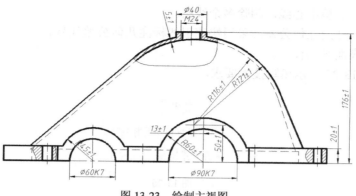

图 13-23　绘制主视图

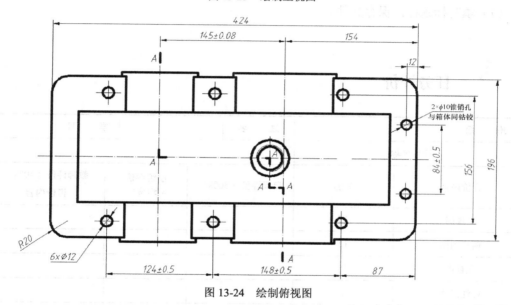

图 13-24　绘制俯视图

⑤ 绘制左视图。按照图 13-25 所示的尺寸绘制左视图。左视图的表达方式是阶梯剖视图。

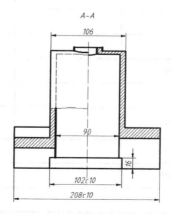

图 13-25　绘制左视图

（3）检查。修整中心线，删除多余线条。

（4）标注尺寸及几何公差。采用快速引线标注几何公差代号。

（5）标注表面结构代号。

（6）按图 13-26 所示填写技术要求。

技术要求

1. 分离面与箱体同时划线。

2. 未注铸造圆角R2-R3。

图 13-26

（7）填写标题栏，保存文件。

 任务评价

班　　级		姓　　名		学　　号	
项目名称					
评价内容	分值	自我评价（30%）	小组评价（30%）	教师评价（40%）评价内容	
主视图	15				
俯视图图	15				
左视图	15				
标注尺寸	5				
尺寸公差	5				
几何公差	5				
标注表面结构代号	5				
填写标题栏和技术要求	5				
图线符合国家标准	10				
保存最佳状态	10				
与组员的合作交流	10				
课堂的组织纪律性	10				
总分	100				
总评					

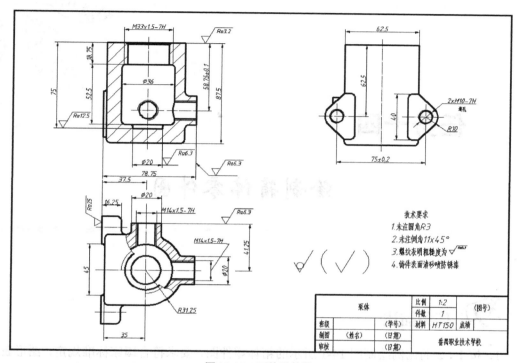

任务拓展

一、抄绘如图 13-27 所示图样。

图 13-27　泵体零件图

二、识读图 13-27，并完成下列练习。

1. 泵体零件图采用了哪些表达方法？各视图的作用如何？
2. 指出长、宽、高 3 个方向尺寸的主要基准。
3. 找出视图中的定位尺寸。
4. 说明 M14×1.5-7H 的意义。

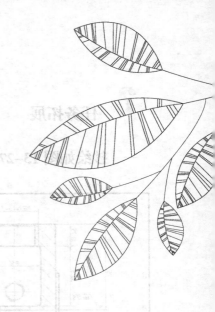

任务十四

绘制箱体零件图

Chapter 14 ————————————————

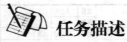
任务描述

1. 按 1：2 的比例绘制图 14-1 所示的箱体零件图，要求符合国家标准规定，图形表达正确，布局合理、美观。

2. 根据样图选择合适的图幅，图框要求有装订边。

3. 按国家标准要求正确、完整地标注零件尺寸、公差、表面结构代号，填写技术要求。

4. 绘制完的图样以"箱体.dwg"命名，保存到指定文件夹中。

学习目标

完成本项目后，应具备如下职业能力。

1. 能正确指出箱体类零件图中所采用的表达方式。

2. 能看懂箱体类零件图中所标注的尺寸、尺寸公差、几何公差、表面结构代号等技术要求。

3. 能说出向视图、局部视图、斜视图和重合断面的画法。

4. 能运用 CAD 软件抄绘中等复杂程度的箱体类零件图。

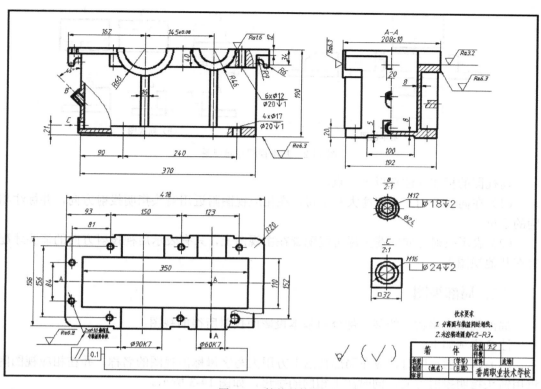

图 14-1　箱体零件图

任务知识与技能分析

知识与技能点		评 价 目 标
制 图 知 识	向视图	能在一张零件图中正确指出采用的向视图表达方式，并能绘制向视图及其标注
	局部视图	能在一张零件图中正确指出采用的局部视图表达方式，并能绘制出局部视图及其标注
	斜视图	能在一张零件图中正确指出采用的斜视图表达方式，并能绘制出斜视图及其标注
	重合断面	能在一张零件图中正确指出重合断面图，并能绘制重合断面图
CAD 知识	引线标注	能设置引线标注格式，并能快速标注

知识链接

机械制图国家标准的基本内容

一、向视图

　　向视图的画法与基本视图相同，但它可以自由配置在适当的位置，使图样布局更合理，如图 14-2 所示。

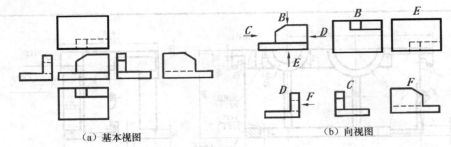

(a) 基本视图　　　　　　　　　　　　　(b) 向视图

图 14-2　基本视图与向视图

向视图的标注应注意以下几点。

（1）在向视图的上方标注大写字母，在相应视图附近用箭头指明投射方向，并标注相同的字母。

（2）表示投射方向的箭头尽可能配置在主视图上，只有表示后视投射方向的箭头才配置在其他视图上。

二、局部视图

局部视图是将物体的某一部分向基本投影面投射所得的视图。

注意事项如下。

（1）画局部视图时，应在局部视图上方用大写字母标出视图的名称，并在相应视图附近用箭头指明投射方向，同时注上相同的字母，如图 14-3 所示。

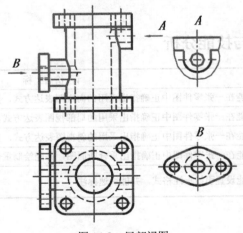

图 14-3　局部视图

（2）局部视图可按基本视图的配置形式配置，也可按向视图的配置形式配置。

（3）局部视图断裂处的边界线应以波浪线表示。当所表示的局部结构是完整且外形轮廓线又成封闭状时，波浪线可省略不画。

三、斜视图

斜视图是物体向不平行于 6 个基本投影面中的任意一个投影面投射所得到的视图。

斜视图用于表达机件倾斜部分的结构，非倾斜部分可用波浪线断开，不必在斜视图中画出，如图 14-4 所示。

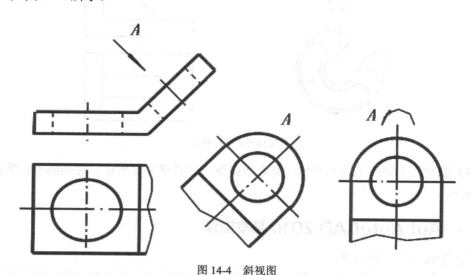

图 14-4　斜视图

有关斜视图的注意事项如下。

（1）斜视图通常按投射方向配置和标注。

（2）允许将斜视图旋转配置，但需在斜视图上方注明。字母靠近箭头端，符号方向与旋转方向一致。也允许将旋转符号角度标注在字母之后。允许图形旋转的角度超过 90°。

四、重合断面

画在视图之内的断面图称为重合断面图。

（1）画法。重合断面图的轮廓线用细实线绘制。当视图中轮廓线与重合断面图的图形重叠时，视图中的轮廓线仍应连续画出，不可间断，如图 14-5 所示。

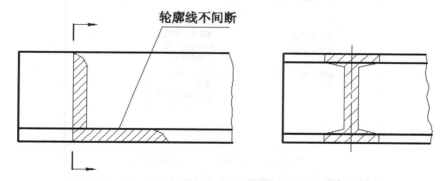

图 14-5　重合断面

（2）为了得到断面的真实形状，剖切平面一般应垂直于物体上被剖切部分的轮廓线。如图 14-6 所示。

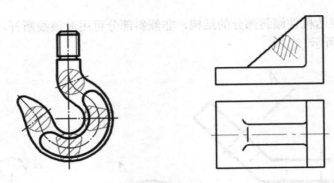

图 14-6　重合断面

（3）配置在剖切线上的不对称的重合断面图，可省略字母所示。对称的重合断面图，可不标注。

Aut AutoCAD 2010 基本操作

快速引线标注几何公差

利用引线标注，可以标注一些注释、说明等，也可以为引线附着块参照和标注几何公差等。

命令行：Qleader。

1. 设置引线格式

在使用"引线"命令时，默认情况下命令行提示：

指定第一个引线点或[设置（S）]<设置>：

这时如果按【S】键，打开"引线设置"对话框，如图 14-7 所示，可以利用该对话框设置"注释"、"引线和箭头"和"附着"选项。

（1）"注释"选项卡：可以定义附着在引线上注释内容的类型，如图 14-7 所示。

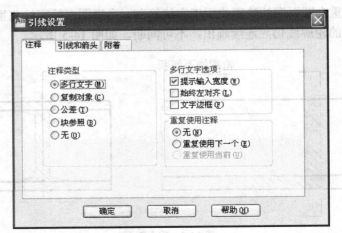

图 14-7　引线标注

（2）"引线和箭头"选项卡：用于设置引线和箭头的格式，如图 14-8 所示。

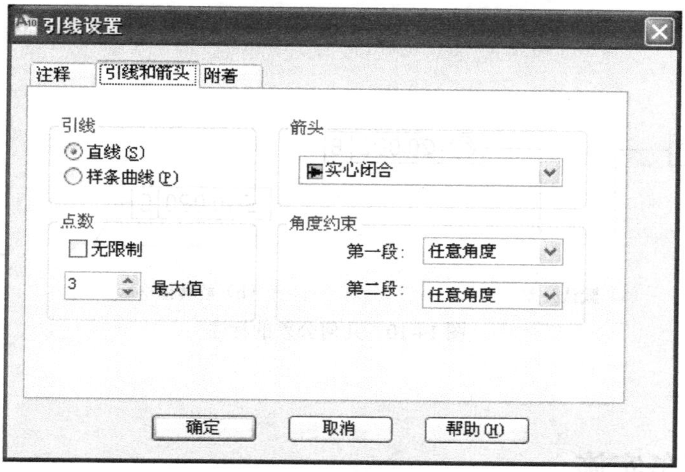

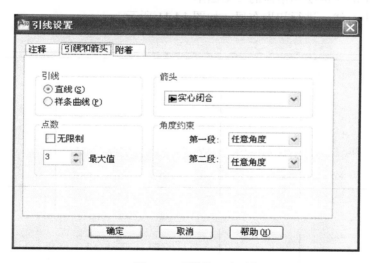

图 14-8 "引线和箭头"选项卡

（3）"附着"选项卡：设置引线和多行文字注释之间的位置关系，如图 14-9 所示。

图 14-9 "附着"选项卡

2. 创建引线标注

在进行引线标注时，默认情况下，若指定第 1 点，则必须指定第 2 点和第 3 点。其中，第 1 点是引线的引出点，第 2 点是引线的转折点，第 3 点是引线的终点（点数的设定决定引线的段数，如果设置成无限值，则可确定任意多个点）。

然后，指定文字的宽度（默认为 0），表示自动根据输入的文字多少来确定宽度，随后输入文字（默认为单行文字）。

如输入选项"M"，则按多行文本来编辑文字。

注意：引线要拉到足够长的距离才会出现箭头。标注几何公差时，默认标注为公差框格水平放置，如图 14-10（a）所示。若框格垂直，可在标定后将框格旋转 90°（旋转基点为指引线端点），旋转后指引线会自动变直，如图 14-10（b）、（c）所示。

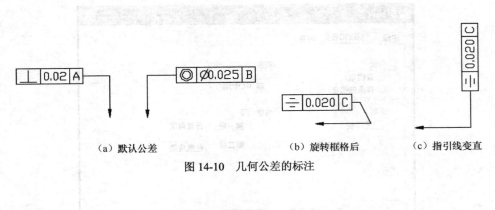

（a）默认公差　　　　　　　（b）旋转框格后　　　（c）指引线变直

图 14-10　几何公差的标注

任务实施

1．调用样板文件。

2．按 1∶1 的比例绘制箱盖的二维图形

（1）绘制中心线，进行初步布局，如图 14-11 所示。

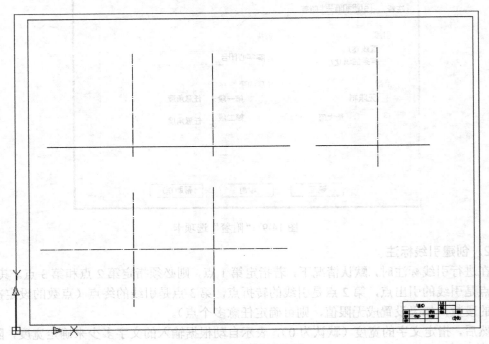

图 14-11　绘制中心线

（2）绘制部分轮廓线，如图 14-12 所示。

（3）绘制主视图。按图 14-13 所示尺寸绘制主视图。主视图的表达方式是局部剖视图。

（4）绘制俯视图。按图 14-14 所示尺寸绘制俯视图。俯视图的表达方式是外形视图，以表达箱体的顶部形状和结构，同时还采用了局部剖，用来表达底部孔的形状。

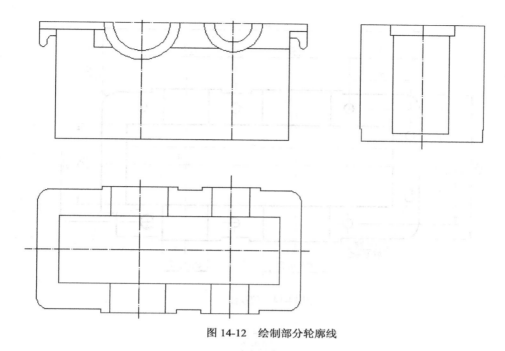

图 14-12　绘制部分轮廓线

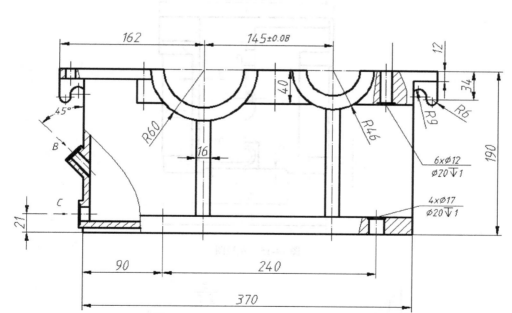

图 14-13　主视图

（5）绘制左视图。按图 14-15 所示尺寸绘制左视图。左视图的表达方式是阶梯剖，剖切位置见图 14-14 俯视图。为表达底座支撑板的形状，在左视图中还采用了重合断面。

（6）绘制 B 向视图。按图 14-16（b）所示尺寸绘制 B 向视图。B 向视图是表达油标口的形状，采用斜视图表示，并运用了局部放大表达方式。

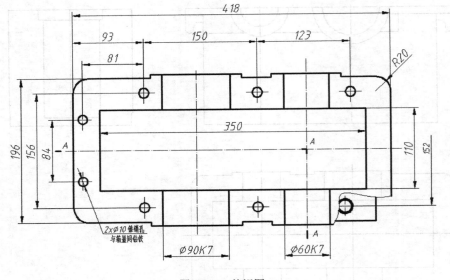

图 14-14　俯视图

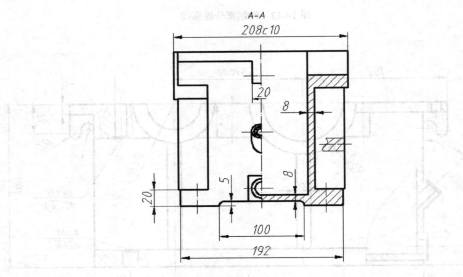

图 14-15　左视图

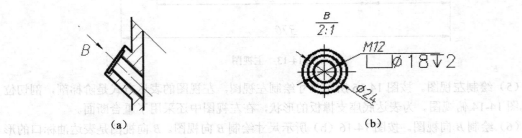

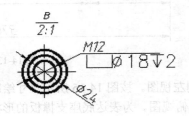

（a）　　　　　　（b）

图 14-16

（5）绘制左视图。如图 14-15 所示，由俯视图和主视图（见图 14-13）画出左视图，同时在画此图时应注意与主视图及俯视图中尺寸的配合，且要画其剖面线。

（6）会画 B 向视图。如图 14-16（b）所示，先绘制 B 向视图，B 向视图作为局部视图的其余。画出螺纹轮廓形状，并标注螺纹孔的尺寸。

（7）绘制 *C* 向视图如图 14-17（a）所示。按图 14-17（b）所示尺寸绘制 *C* 向视图。*C* 向视图是表达放油口的形状，采用局部视图表示，并运用了局部放大表达方式。

（a）局部视图

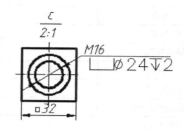

（b）局部放大

图 14-17　绘制 *C* 向视图

3．检查

修整中心线，删除多余线条。

4．标注尺寸及几何公差

采用快速引线标注几何公差代号。

5．表面结构代号的标注

要求表面结构代号以块的形式插入标注。

6．标注技术要求

技术要求如图 14-18 所示。

技术要求

1. 分离面与箱盖同时划线。

2. 未注铸造圆角R2-R3。

图 14-18　技术要求

7．填写标题栏

8．整理、保存

整理图形使其符合机械制图标准。完成后保存文件到指定文件夹。

 任务评价

班　　级		姓　　名		学　　号	
	项目名称				
评价内容	分　值	自我评价（30%）	小组评价（30%）	教师评价（40%）评价内容	
主视图	20				
俯视图	10				

续表

评价内容	分　值	自我评价（30%）	小组评价（30%）	教师评价（40%）评价内容
左视图	10			
斜视图	5			
局部视图	5			
标注尺寸	10			
几何公差	5			
标注表面结构代号	5			
填写标题栏和技术要求	5			
图线符合国家标准	5			
与组员的合作交流	10			
课堂纪律	10			
总　　分	100			
总　　评				

任务拓展

一、抄绘图14-19所示传动器箱体零件图。

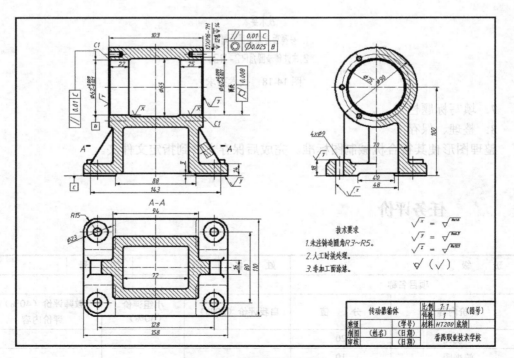

图14-19　传动器箱体零件图

二、识读 14-19 所示传动器箱体零件图，完成下列试题。

1. 该零件属于_____类零件，绘图比例_____，材料_____。

2. 零件所用的 3 个视图分别是_____、_____、_____。其中，主视图采用_____剖，左视图主要采用_____剖。

3. 图中 12×M6-7H 表示_____。

4. 几何公差 $\boxed{// \ \ 001 \ \ C}$ 表示基准要素是_____，被测要素是_____，公差项目是_____，公差值是_____。

5. $\varphi 62^{+0.009}_{-0.021}$ 表示公称尺寸是_____，上偏差是_____，公差是_____。

任务十五

识读和绘制减速器装配图

Chapter 15

任务描述

1. 结合减速器的模型图（见图 15-1），识读如图 15-2 所示的减速器装配图，并完成下列试题。

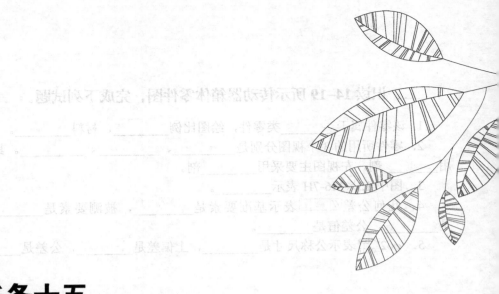

图 15-1　减速器的模型图

（1）减速器装配图由_____种零件装配而成。

（2）主视图采用的表达方法是_____剖视，图中用_____个螺栓连接箱体与箱盖，螺栓的规格尺寸是_____。

（3）装配图中零件 4 的名称是_____，其数量是_____，其作用是_____。

（4）装配图中的配合尺寸 $\phi 90K7/h8$，它表示公称尺寸为_____，孔的公差带代号是_____，轴的公差带代号是_____。

（5）零件 16 滚动轴承 6204 的公称内径是_____mm，其标准编号是_____。

（6）图中 12 填料的材料是_____，其用途是_____。

（7）装配图中装配尺寸有：_____。图中安装尺寸有：_____。外形尺寸有：_____。

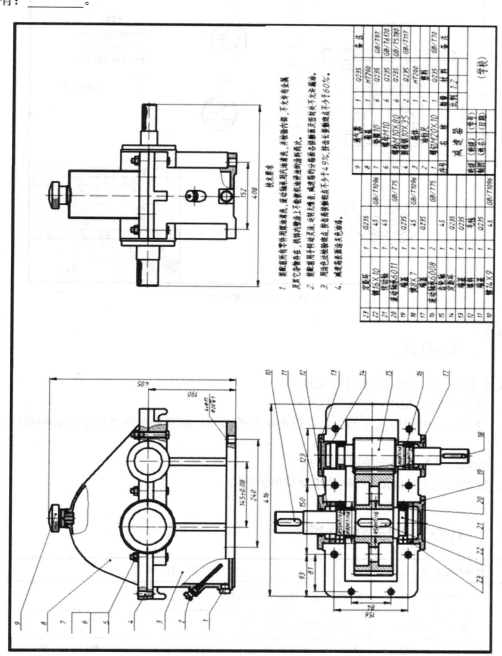

图 15-2　减速器装配图

2．绘制如图 15-3 所示千斤顶装配图。

绘制该图时，先将标准件和零件图转化为图块，再进行装配图拼装，标注轮廓尺寸，编写零件序号，最后编写明细栏。

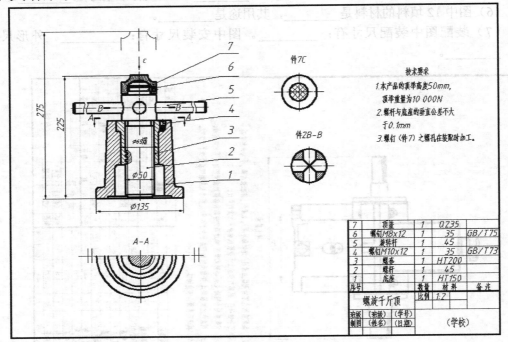

技术要求

1.本产品的顶举高度50mm，
顶举重量为10 000N
2.螺杆与底座的垂直公差不大
于0.1mm
3.螺钉（件7）之螺孔在装配时加工。

7	顶盖	1	Q235	
6	螺钉M8x12	1	35	GB/T75
5	旋转杆	1	45	
4	螺钉M10x12	1	35	GB/T73
3	螺套	1	HT200	
2	螺杆	1	45	
1	底座	1	HT150	
序号	名称	数量	材料	备注

螺旋千斤顶		比例	1:2
班级 (班级)	(学号)		
制图 (姓名)	(日期)		(学校)

图 15-3　千斤顶装配图

 学习目标

完成本项目后，应具备如下职业能力。

1．能说出装配图的作用和主要内容。

2．能识读装配图中尺寸的含义，说出配合的类型，解释装配图中标题栏和明细栏中的内容。

3．能说出装配图中所采用的画法。

4．能熟练运用 AutoCAD 软件绘制简单装配图。

 任务知识与技能分析

	知识与技能点	评 价 目 标
制图知识	装配图的内容	能指出一张完整装配图的内容
	装配图规定画法	能指出装配图中的规定画法
	装配图的特殊表达方法	能指出装配图的特殊画法（沿零件结合面剖切和拆卸法、假想画法、简化画法）

续表

知识与技能点		评价目标
制 图 知 识	装配图的尺寸标注和相关规定	能说出装配图中所标注尺寸的含义（装配图中所标注几类尺寸：性能（规格）尺寸、装配尺寸、安装尺寸、总体尺寸及其他重要尺寸），能正确判断配合的种类
	装配图中的零件序号和明细栏	能解释明细栏中标注的所有内容
CAD 知识	多重引线标注	能利用多重引线标注零件序号

知识链接

机械制图国家标准的基本内容

一、装配图的作用及内容

1. 装配图的作用

装配图是用来表达机器或部件的工作原理、传动路线和零件间的装配关系与相互位置，以及装配、检验、安装时所需要的尺寸数据和技术要求的图样。在设计过程中，一般先画出装配图，然后拆画零件图；在生产过程中，先根据零件图进行零件加工，然后再依据装配图将零件装配成部件或机器。所以，装配图是表达设计思想、指导生产、进行技术交流的重要技术文件。

2. 装配图的内容

一张完整装配图应具备如下内容。

（1）一组视图。表示各零件间的相对位置关系、相互连接方式和装配关系，表达主要零件的结构特点以及机器或部件的工作原理。

（2）必要的尺寸。表示机器或部件的规格性能、装配、安装尺寸，总体尺寸和一些重要尺寸。

（3）技术要求。用符号或文字说明装配、检验时必须满足的条件。

（4）零件序号、明细栏和标题栏。说明零件的序号、名称、数量和材料等有关事项。

二、装配体的表达方法

装配图要表达产品或部件的结构特点、工作原理及各零件间的装配关系，所以一般都采用剖视图作为主要表达方法。此外，装配图还有一些特殊的画法规定。

1. 装配图的规定画法

（1）相邻零件的接触面和配合面只画一条线；非接触面应当留有间隙，即使间隙很小，也必须画成两条线，如图15-4所示。

（2）两个（或两个以上）零件邻接时，剖面线的倾斜方向应相反或间隔不同。但同一零件在各视图上的剖面线方向和间隔必须一致。

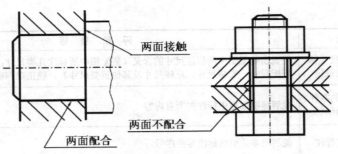

图 15-4　接触面画法

（3）对于标准件（如螺栓、螺母、键、销等）和实心件（如球、手柄、连杆、拉杆、键、销等），若纵向剖切且剖切平面通过其对称平面或基本轴线时，则这些零件均按不剖绘制，如图 15-5 所示。

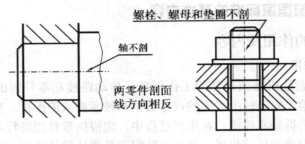

图 15-5　不剖的零件图

2. 特殊画法

（1）拆卸画法与结合面剖切法。

当某些零件的图形遮住了其后面的需要表达的零件，或在某一视图上不需要画出某些零件时，可先拆去这些零件后再画，也可选择沿零件结合面进行剖切的画法。如在图 15-6 所示的滑动轴承装配图中，俯视图就采用了沿结合面剖切法。沿轴承盖与轴承座的结合面剖切，拆去上面部分，以表达轴衬与轴承座孔的装配情况。

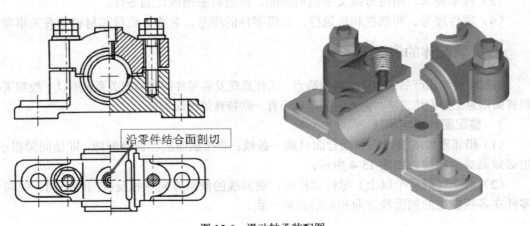

图 15-6　滑动轴承装配图

（2）单独零件单独视图画法。

在装配图中可以单独画出某零件的视图，但必须在所画视图上方注出该零件的视图名称，在相应视图的附近用箭头指明投影方向，并注上同样的字母。

（3）简化画法。

① 对于装配图中若干相同的零、部件组，如螺栓连接等，可详细地画出一组，其余只需用点划线表示其位置即可。

② 在装配图中，对于厚度在 2 毫米以下的零件（如薄的垫片等）的剖面线可用涂黑代替，如图 15-7 所示。

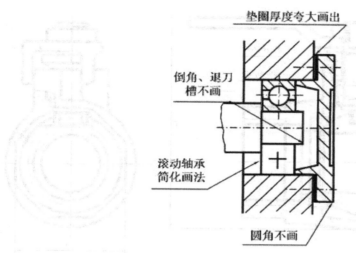

图 15-7　简化画法

③ 在装配图中，零件的工艺结构，如小圆角、倒角、退刀槽、起模斜度等可不画出，如图 15-7 所示。

④ 装配图中，滚动轴承允许采用简化画法，如使用通用画法、特征画法或只详细画出一半图形，另外一半采用通用画法的方法，如图 15-7 所示。

（4）夸大画法。

在画装配图时，有时会遇到薄片零件、细丝弹簧、微小间隙等。对于这些零件或间隙，无法按其实际尺寸画出，或者虽能如实画出，但不能明显地表达其结构时，均可采用夸大画法，即将这些结构适当夸大后再画出。

（5）假想画法。

① 为表示部件或机器的作用、安装方法，可将与其相邻的零件、部件的部分轮廓用双点画线画出，假想轮廓的剖面区域内不画剖面线。

② 当需要表示运动零件的运动范围或运动的极限位置时，可按其运动的一个极限位置绘制图形，再用双点画线画出另一极限位置的图形，如图 15-8 所示。

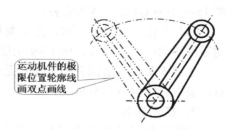

图 15-8　假想画法

三、装配图上的尺寸标注与技术要求

1．尺寸标注

装配图的作用是表达零、部件的装配关系。因此，其尺寸标注的要求不同于零件图。不需要注出每个零件的全部尺寸，一般只需标注规格尺寸、装配尺寸、安装尺寸、外形尺寸和其他重要尺寸 5 大类尺寸。

（1）性能（规格）尺寸。表示部件的性能和规格的尺寸，它是设计和选用产品的主要依据。如图 15-9 中球阀的通径为 $\phi15$，为规格尺寸。

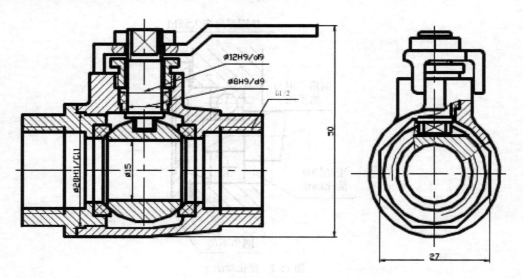

图 15-9　球阀

（2）装配尺寸。装配尺寸是保证部件正确地装配，并说明配合性质和装配要求的尺寸。装配尺寸包括作为装配依据的配合尺寸和重要的相对位置尺寸。图 15-9 中 $\phi12$ H9/d9、$\phi8$ H9/d9、$\phi28$ H11/c11 属于装配尺寸。

（3）外形尺寸。外形尺寸表示机器或部件外形轮廓的尺寸，即机器或部件的总长、总宽和总高。它反映了机器或部件的体积大小，即该机器或部件在包装、运输和安装过程中所占空间的大小。图 15-9 中的 50 即是外形尺寸。

（4）安装尺寸。将部件安装到地基上或与其他零件、部件相连接时所需要的尺寸，如图 15-9 中的 G1/2 是球阀安装尺寸。

（5）其他重要尺寸。除以上 4 类尺寸外，在装配或使用中必须说明的尺寸，如表示运动零件活动范围的尺寸，图 15-9 左视图中的 27 为主要零件的重要尺寸。

上述 5 类尺寸之间并不是孤立无关的，实际上，有的尺寸往往同时具有多重尺寸的特点，要根据情况具体分析。

2．技术要求

主要包括零件装配过程中的质量要求，以及在检验、调试过程中的特殊要求等。这些要求，应根据装配体的结构特点和使用性能注写。

四、装配图中的零部件的序号及明细栏

1. 零部件的序号

（1）一般规定。

① 装配图中所有的零、部件都必须编注序号。规格相同的零件只编一个序号，标准化组件如滚动轴承、电动机等，可看作一个整体编注一个序号。

② 装配图中零件序号应与明细栏中的序号一致。

③ 同一装配图中序号编注形式应一致。

（2）序号的编排。序号有 3 种表示方法，如图 15-10 所示。

① 在指引线的水平线（细实线）上或者圆内（细实线）注写序号。序号字高应该比装配图中所注尺寸数字高度大一号或两号，如图 15-10（a）、（b）所示。

② 在指引线附近注写序号。序号字高应该比装配图中所注尺寸数字高度大两号，如图 15-10（c）所示。

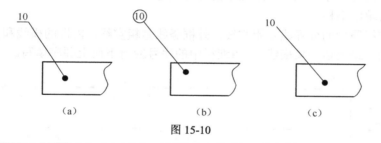

（a）　　　　　　　　　（b）　　　　　　　　　（c）

图 15-10

（3）指引线。指引线主圆圈均用细实线绘制。

① 指引线应从所指零件的可见轮廓内引出，端部为小黑圆点。若指引线末端不便画出圆点时，可在指引线末端画出箭头，箭头指向该零件的轮廓线，如图 15-11 所示。

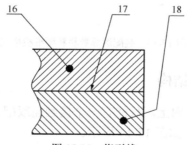

图 15-11　指引线

② 指引线不能交叉，不要与轮廓线、剖面线等图线平行。

③ 指引线一般是一条直线，必要时允许弯折一次，如图 15-11 所示。

④ 对于紧固件组或装配关系清楚的零件组，允许采用公共指引线，如图 15-12 所示。

（4）序号的排列。装配图中序号应按水平方向或垂直方向整齐排列在视图的周围，并按顺时针或逆时针方向在整个一组图形外围顺次整齐排列，并尽量使序号间隔相等。

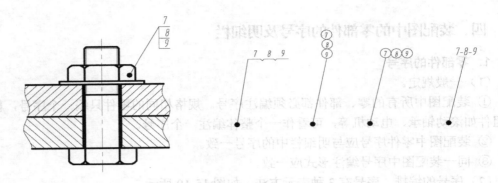

图 15-12　公共指引线

2. 明细栏

明细栏则按 GB/T10609.2-1989 规定绘制，如图 15-13 所示。明细栏在标题栏的上方，当位置不够时可移一部分紧接标题栏左边继续填写。

明细栏中的零件序号应与装配图中的零件编号一致，并且由下往上填写。因此，应先编零件序号再填明细栏。

明细栏和标题栏的分界线是粗实线；外框竖线是粗实线，内框的横线和竖线均为细实线（包括明细栏最上边一条横线）。明细栏中的序号应自下而上顺序填写。

图 15-13　装配图标题栏和明细栏格式

五、常见的装配工艺结构

（1）2 个零件在同一个方向上，只能有一个接触面或配合面。这样既保证两零件间接触良好，又能降低加工要求，如图 15-14 所示。

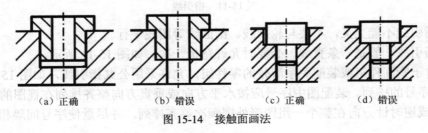

图 15-14　接触面画法

（2）轴肩处加工出退刀槽，或在孔端面加工出倒角，如图 15-15 所示。

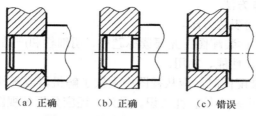

　（a）正确　　　（b）正确　　　（c）错误

图 15-15　轴肩与孔口接触的画法

（3）2 个零件锥面配合，锥体端面与锥孔底部应留有空隙，如图 15-16 所示。

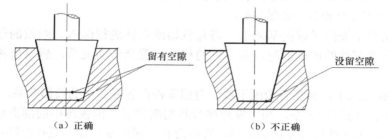

留有空隙　　　　　　　　　　　　没留空隙

　　　（a）正确　　　　　　　　　　　（b）不正确

图 15-16

（4）拆卸结构。要考虑维修时拆卸方便，如图 15-17 所示。

（a）不合理　　（b）合理　　（c）合理　　　（d）不合理　　（e）合理

图 15-17

要考虑安装、维修的方便，如图 15-18 所示。

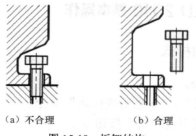

　（a）不合理　　　　　　（b）合理

图 15-18　拆卸结构

六、识读装配图

1. 读装配图的目的

了解机器或部件的性能、功用和工作原理。了解各零件间的装配关系、拆装顺序。了解各零件的主要结构形状和作用。

2. 读装配图的基本方法

（1）概括了解，弄清表达方法。

① 阅读有关资料。读装配图首先要读标题栏、明细栏和产品说明书等有关技术资料，了解机器或部件的名称、性能、功用。

② 分析视图。读装配图时，应从视图中大致了解机器或部件的形状、尺寸和技术要求，对机器或部件有一个基本的感性认识。另外，还应分析各视图的表达方法，找出各视图的投影关系，明确各视图所表达的具体内容。

随后对装配图的表达方法进行分析。弄清各视图的名称、所采用的表达方法及各图间的相互关系，为详细研究机器或部件结构打好基础。

（2）深入了解工作原理和装配关系。

在对全图有了概括了解的基础上，需对机器或部件进行深入、细致的形体分析，以彻底了解机器或部件的组成情况、各零件的相互位置及传动关系，想象出各主要零件的结构形状。

① 从主视图入手，根据各装配干线，对照零件在各视图中的投影关系。

② 按视图间的投影关系，利用零件序号和明细栏以及剖视图中的剖面线的差异，分清图中前后件、内外件的互相遮盖关系，将组合在一起的零件逐一进行分解识别，搞清每个零件在相关视图中的投影位置和轮廓。在此基础上，构思出各零件的结构形状。

③ 仔细研究各相关零件间的连接方式、配合性质，辨明固定件与运动件，搞清各传动路线的运动情况和作用。

④ 分析各零件的功用和结构特点，了解各零件间的装配关系，掌握机器或部件的工作原理。

3. 归纳总结，获得完整概念

在作了表达分析和形体结构分析的基础上，进一步完善构思，归纳总结，得到对机器或部件的总体认识。即能结合装配图说明其传动路线、拆装顺序，以及安装使用过程中应注意的问题。

Aut AutoCAD 2010 基本操作

一、设置多重引线的样式

① 命令行：mleaderstyle。

② 菜单栏：选择"格式"|"多重引线样式"命令。

③ 工具栏：单击"多重引线样式"按钮。

执行上述命令后，AutoCAD 弹出图 15-19 所示的"多重引线样式"对话框。

"新建"按钮用于创建新多重引线样式。单击"新建"按钮，AutoCAD 打开图 15-20 所示的"创建新多重引线样式"对话框。可以通过该对话框中的"新样式名"文本框指定新样式的名称。单击"继续"按钮，AutoCAD 打开对应的对话框，如图 15-21 所示。

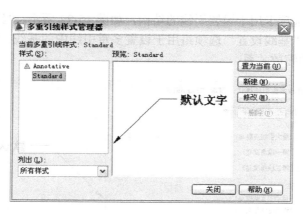

图 15-19 "多重引线样式"对话框

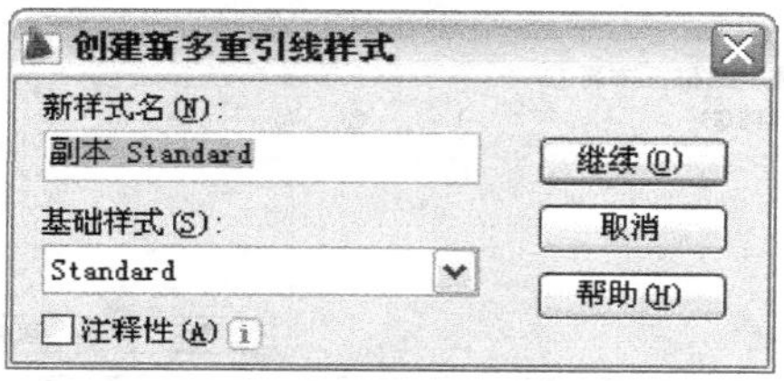

图 15-20 "创建新多重引线样式"对话框

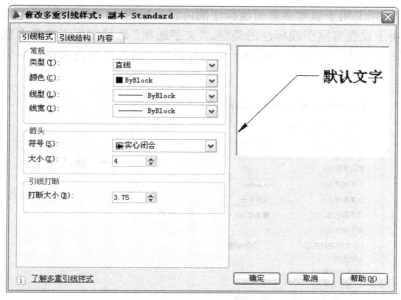

图 15-21 "引线格式"选项卡

对话框中有"引线格式"、"引线结构"和"内容"3 个选项卡。"引线格式"选项卡用于设置引线的格式。"常规"选项组用于设置引线的外观。"箭头"选项组用于设置箭头的样式与大小。"引线打断"选项用于设置引线打断时的距离值。预览框用于预览对应的引线样式。

"引线结构"选项卡用于设置引线的结构，如图 15-22 所示。"约束"选项组用于控制多重引线的结构。"基线设置"选项组用于设置多重引线中的基线。"比例"选项组用于设置多重引线标注的缩放关系。

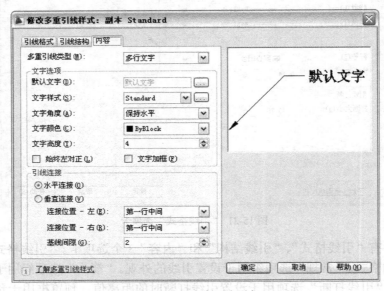

图 15-22 "引线结构"选项卡

"内容"选项卡用于设置多重引线标注的内容，如图 15-23 所示。"多重引线类型"下拉列表框用于设置多重引线标注的类型。"文字选项"选项组用于设置多重引线标注的文字内容。"引线连接"选项组一般用于设置标注出的对象沿垂直方向相对于引线基线的位置。

图 15-23 "内容"选项卡

二、多重引线标注

① 菜单命令：选择"标注" | "多重引线"命令。

② 命令行：MLE（mleader）。

执行上述命令后，AutoCAD 提示：

指定引线箭头的位置或 [引线基线优先(L)/内容优先(C)/选项(O)] <选项>：

提示中，"指定引线箭头的位置"选项用于确定引线的箭头位置；"引线基线优先(L)"和"内容优先(C)"选项分别用于确定将首先确定引线基线的位置还是首先确定标注内容，根据需要选择即可；"选项(O)"项用于多重引线标注的设置，执行该选项，AutoCAD 提示：

输入选项 [引线类型(L)/引线基线(A)/内容类型(C)/最大节点数(M)/第一个角度(F)/第二个角度(S)/退出选项(X)] <内容类型>：

其中，"引线类型(L)"选项用于确定引线的类型；"引线基线(A)"选项用于确定是否使用基线；"内容类型(C)"选项用于确定多重引线标注的内容（多行文字、块或无）；"最大节点数(M)"选项用于确定引线端点的最大数量；"第一个角度(F)"和"第二个角度(S)"选项用于确定前两段引线的方向角度。

执行 mleader 命令后，如果在"指定引线箭头的位置或 [引线基线优先(L)/内容优先(C)/选项(O)] <选项>："提示下指定一点，即指定引线的箭头位置后，AutoCAD 提示：

指定下一点或 [端点(E)] <端点>：(指定点)

指定下一点或 [端点(E)] <端点>：

在该提示下依次指定各点，然后按［Enter］键，AutoCAD 弹出文字编辑器，如图 15-24 所示。

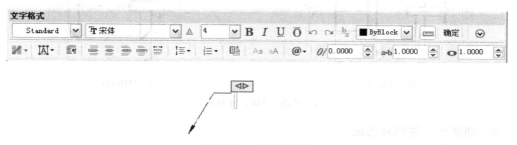

图 15-24　文字编辑器

通过文字编辑器输入对应的多行文字后，单击"文字格式"工具栏上的"确定"按钮，即可完成引线标注。

任务实施

绘制千斤顶装配图。绘制该图时，先将标准件和零件图转化为图块，再进行装配图拼装，标注轮廓尺寸、编写零件序号，最后编写明细栏。

一、绘制零件图并转化为图块

1. 创建旋转杆图块

（1）打开图形样板文件。

（2）参照图 15-25 所示的尺寸绘制旋转杆零件图。

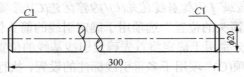

图 15-25　千斤顶旋转杆

（3）创建旋转杆外部图块。

将绘制完成的零件图，用创建块命令 WBLOCK 定义为图块，供以后拼绘装配图时调用。为了保证零件图块拼绘成装配图后各零件之间的相对位置和装配关系，在创建零件图块时，一定要选择好插入基点。

2. 创建 M8 和 M10 螺钉图块

（1）打开图形样板文件。

（2）参照图 15-26 所示的尺寸绘制 M8 和 M10 螺钉零件图。

（3）创建 M8 和 M10 螺钉外部图块。

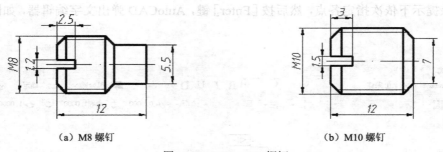

（a）M8 螺钉　　　　　　　　　　　　（b）M10 螺钉

图 15-26　M8、M10 螺钉

3. 创建千斤顶螺杆图块

（1）打开图形样板文件。

（2）参照图 15-27 所示的尺寸绘制千斤顶螺杆零件图。

（3）创建千斤顶螺杆外部图块。

4. 创建千斤顶顶盖图块

（1）打开图形样板文件。

（2）参照图 15-28 所示的尺寸绘制千斤顶顶盖零件图。

（3）创建千斤顶顶盖外部图块。

5. 创建千斤顶螺套图块

（1）打开图形样板文件。

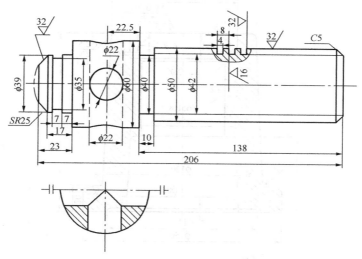

图 15-27　千斤顶螺杆

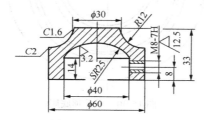

图 15-28　千斤顶顶盖

（2）参照图 15-29 所示的尺寸绘制千斤顶螺套零件图。

（3）创建千斤顶螺套外部图块。

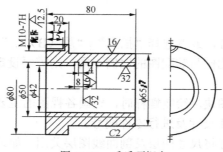

图 15-29　千斤顶螺套

6．创建千斤顶底座图块

（1）打开图形样板文件。

（2）参照图 15-30 所示的尺寸绘制千斤顶底座零件图。

（3）创建千斤顶底座外部图块。

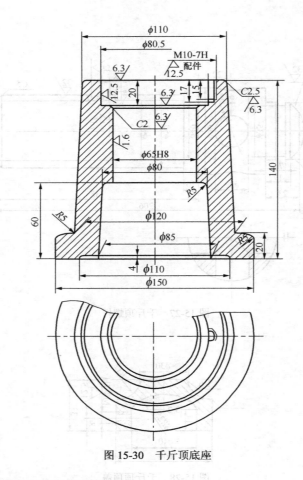

图 15-30 千斤顶底座

二、由零件图块拼绘装配图

1. 使用样板

打开样板文件。

2. 拼绘装配图

用插入块命令 INSERT，或者选择"插入"|"块（B）…"命令，依次插入创建的零件图块。如果零件图块的比例与装配图的比例不同，则需要设定零件图块插入时的比例，以满足装配图的要求。

（1）插入螺杆和顶盖图块。绘制螺杆时，先画各视图的主要基准线。应注意各视图之间留有适当间隔，以便标注尺寸及进行零件编号。

打开绘制的零件图，并将尺寸图层及剖面线图层关闭。如果零件图的视图选择及表达方法有与装配图不一致的地方，则需要对绘制的零件图进行编辑修改，使其与装配图保持一致。注意，螺杆要顺时针旋转 90°垂直放置，被其他零件挡住的线可不画。修改装配图时要将图块分解。

（2）插入螺套图块。绘制螺套时，注意将螺套的顶部与螺杆上螺纹部分的上端平齐。

（3）插入底座图块。绘制底座时，注意将底座与螺套顶部平齐。在装配图中，两相邻零件的剖面线方向应相反或方向相同而间隔不等。因此，在将零件图图块拼绘为装配图后，剖面线必须符合国际标准中的这一规定。

（4）插入 M8 和 M10 螺钉图块。

（5）插入旋转杆图块。对于旋转杆，应根据其在图样中的位置调整其绘图尺寸。

三、绘制件顶盖和螺杆的单个视图

单独表示顶盖和螺杆，用箭头指明投射方向，用字母注出视图名称，如图 15-31 所示。

件2B–B 件7C

（a）螺杆 （b）顶盖

图 15-31

四、标注尺寸、技术要求和编写零件序号

（1）标注尺寸。标注出千斤顶的移动范围、螺套和螺杆的装配关系尺寸，如图 15-32 所示。

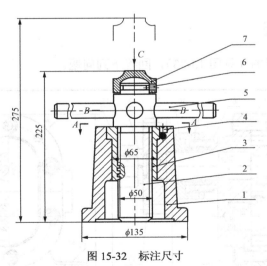

图 15-32 标注尺寸

（2）编写零件序号，如图 15-32 所示。

（3）标注技术要求。

（4）填写标题栏和明细栏。

五、整理、保存

整理图形，使其符合机械制图国家标准，完成后保存图形到指定文件夹。

任务评价

班　级		姓　名			学　号	
项目名称						
评价内容	分值	自我评价（30%）	小组评价（30%）	教师评价（40%）评价内容		
能正确识读装配图	25					
图样表达正确	20					
尺寸标注正确合理	5					
技术要求规范	5					
零件序号标注规范	5					
标题栏、明细栏填写规范	5					
布局合理	5					
图线符合国家标准	5					
保存最佳状态	5					
合作交流	10					
课堂纪律	10					
总　　分	100					
总　　评						

任务拓展

看懂齿轮油泵装配图（见图15-33），回答下列问题。

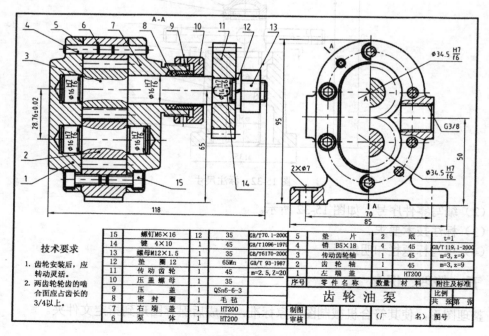

图 15-33　齿轮油泵装配图

1. 该油泵共用_____个视图表达，其主视图采用了_____图，左视图采用了_____图。

2. 主动齿轮轴 3 是实心零件，为表示它和从动齿轮 2 的啮合关系，采用了_____剖。

3. 为了使左端盖 1 与右端盖 7 连接在泵体 6 上，采用了_____个圆柱销和_____个螺钉。圆柱销的标记为_____，螺钉的标记为_____。

4. 分析装配图中的尺寸。其中规格尺寸有_____，配合尺寸有_____，相对位置尺寸有_____，安装尺寸有_____，外形尺寸有_____。

5. $\phi14\dfrac{H7}{g6}$ 是_____制的_____配合，$\phi16\dfrac{H7}{p6}$ 是_____制的_____配合。

6. G3/8 是_____螺纹。

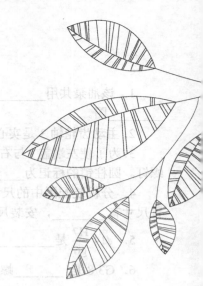

附　录

一、螺　纹

附表 1　　普通螺纹直径、螺距与公差带（摘自 GB/T 192、193、196、197—2003）

单位：mm

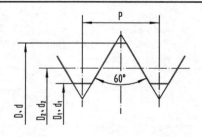

D——内螺纹大径（公称直径）
d——外螺纹大径（公称直径）
D_2——内螺纹中径
d_2——外螺纹中径
D_1——内螺纹小径
d_1——外螺纹小径
P——螺距

标记示例：

M16-6e（粗牙普通外螺纹、公称直径 d=M16、螺距 P=2mm、中径及大径公差带均为 6e、中等旋合长度、右旋）
M20×2-6G-LH（细牙普通内螺纹、公称直径 D=M20、螺距 P=2mm、中径及小径公差带均为 6G、中等旋合长度、左旋）

公称直径（D、d）			螺　　距（P）	
第一系列	第二系列	第三系列	粗　牙	细　牙
4	—	—	0.7	0.5
5	—	—	0.8	
6	—	—	1	0.75
	7	—		

续表

公称直径（D、d）			螺　距（P）	
第一系列	第二系列	第三系列	粗牙	细　牙
8	—	—	1.25	1、0.75
10	—	—	1.5	1.25、1、0.75
12	—	—	1.75	1.25、1
—	14	—	2	1.5、1.25、1
—	—	15	—	1.5、1
16	—	—	2	1.5、1
—	18	—	2.5	2、1.5、1
20	—	—	2.5	2、1.5、1
—	22	—	2.5	2、1.5、1
24	—	—	3	2、1.5、1
—	—	25	—	2、1.5、1
—	27	—	3	2、1.5、1
30	—	—	3.5	（3）、2、1.5、1
—	33	—	3.5	（3）、2、1.5
—	—	35	—	1.5
36	—	—	4	3、2、1.5
—	39	—	4	3、2、1.5

螺纹种类	精度	外螺纹的推荐公差带			内螺纹的推荐公差带		
		S	N	L	S	N	L
普通螺纹	中等	（5g6g）	*6g / *6e / 6h	（7e6e）/（7g6g）/（7h6h）	*5H /（5G）	6H / *6G	*7H /（7G）
	粗糙	—	8g /（8e）	（9e8e）/（9g8g）	—	7H /（7G）	8H /（8G）

注：1. 优先选用第一系列，其次是第二系列，第三系列尽可能不用；括号内尺寸尽可能不用。

　　2. 大量生产的紧固件螺纹，推荐采用带方框的公差带；带*的公差带优先选用，括号内的公差带尽可能不用。

　　3. 两种精度选用原则：中等——一般用途；粗糙——对精度要求不高时采用。

附表 2　　　　　　　　　　　管螺纹

55° 密封管螺纹（摘自 GB/T 7306.1、7306.2—2000）　　　　55° 非密封管螺纹（摘自 GB/T 7307—2001）

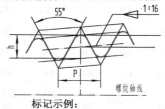

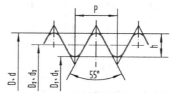

标记示例：　　　　　　　　　　　　　　　　　　　　标记示例：

R1/2（尺寸代号 1/2，右旋圆锥外螺纹）　　　　　　　G1/2LH（尺寸代号 1/2，左旋内螺纹）

Rc1/2LH（尺寸代号 1/2，左旋圆锥内螺纹）　　　　　G1/2A（尺寸代号 1/2，A 级右旋外螺纹）

尺寸代号	大径 d、D（mm）	中径 d_2、D_2（mm）	小径 d_1、D_1（mm）	螺距 P（mm）	牙高 h（mm）	每 25.4 mm 内的牙数 n
1/4	13.157	12.301	11.445	1.337	0.856	19

续表

尺寸代号	大径 d、D （mm）	中径 d_2、D_2 （mm）	小径 d_1、D_1 （mm）	螺距 P （mm）	牙高 h （mm）	每 25.4 mm 内的牙数 n
3/8	16.662	15.806	14.950			
1/2	20.955	19.793	18.631	1.814	1.162	14
3/4	26.441	25.279	24.117			
1	33.249	31.770	30.291			
1¼	41.910	40.431	38.952			
1½	47.803	46.324	44.845	2.309	1.479	11
2	59.614	58.135	56.656			
2½	75.184	73.705	72.226			
3	87.884	86.405	84.926			

二、常用的标准件

附表3	六角头螺栓	单位：mm

六角头螺栓　C 级（摘自 GB/T 5780—2000）　　六角头螺栓　全螺纹　C 级（摘自 GB/T 5781—2000）

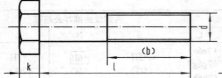 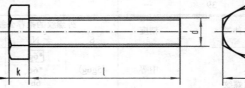 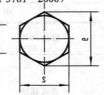

标记示例：

螺栓　GB/T 5780—2000　M20×100（螺纹规格 d=M20、公称长度 l=100 mm、性能等级为 4.8 级、不经表面处理、杆身半螺纹、产品等级为 C 级的六角头螺栓）

螺纹规格 d		M5	M6	M8	M10	M12	M16	M20	M24	M30	M36	M42
b 参考	l公称≤125	16	18	22	26	30	38	46	54	66	—	—
	125<l公称≤200	22	24	28	32	36	44	52	60	72	84	96
	l公称>200	35	37	41	45	49	57	65	73	85	97	109
k 公称		3.5	4.0	5.3	6.4	7.5	10	12.5	15	18.7	22.5	26
$s$max		8	10	13	16	18	24	30	36	46	55	65
$e$min		8.63	10.9	14.2	17.6	19.9	26.2	33.0	39.6	50.9	60.8	71.3
l 范围	GB/T 5780	25～50	30～60	35～80	40～100	45～120	55～160	65～200	80～240	90～300	110～300	160～420
	GB/T 5781	10～40	12～50	16～65	20～80	25～100	35～100	40～100	50～100	60～100	70～100	80～420
l 公称		10、12、16、20～65（5 进位）、70～160（10 进位）、180、200、220～500（20 进位）										

附表 4　　　　　　　　　　　　　　　　双头螺柱　　　　　　　　　　　　　　　单位：mm

$b_m=1d$（GB/T 897－1988）　$b_m=1.25d$（GB/T 898－1988）　$b_m=1.5d$（GB/T 899－1988）　$b_m=2d$（GB/T 900－1988）

A 型　　　　　　　　　　　　　　　　　　　　　　　　　　B 型

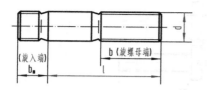 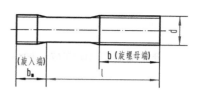

标记示例：

螺柱　GB/T 900－1988　M10×50（两端均为粗牙普通螺纹、d=M10、l=50mm、性能等级为 4.8 级、不经表面处理、B 型、$b_m=2d$ 的双头螺柱）

螺柱　GB/T 900－1988　AM10-10×1×50（旋入机体一端为粗牙普通螺纹、旋螺母端为螺距 P=1mm 的细牙普通螺纹、d=M10、l=50mm、性能等级为 4.8 级、不经表面处理、A 型、$b_m=2d$ 的双头螺柱）

| 螺纹规格 | b_m（旋入机体端长度） | | | | l（螺柱长度） | | | | |
(d)	GB/T 897	GB/T 898	GB/T 899	GB/T 900	b（旋螺母端长度）				
M4	—	—	6	8	$\frac{16\sim22}{8}$	$\frac{25\sim40}{14}$			
M5	5	6	8	10	$\frac{16\sim22}{10}$	$\frac{25\sim50}{16}$			
M6	6	8	10	12	$\frac{20\sim22}{10}$	$\frac{25\sim30}{14}$	$\frac{32\sim75}{18}$		
M8	8	10	12	16	$\frac{20\sim22}{12}$	$\frac{25\sim30}{16}$	$\frac{32\sim90}{22}$		
M10	10	12	15	20	$\frac{25\sim28}{14}$	$\frac{30\sim38}{16}$	$\frac{40\sim120}{26}$	$\frac{130}{32}$	
M12	12	15	18	24	$\frac{25\sim30}{16}$	$\frac{32\sim40}{20}$	$\frac{45\sim120}{30}$	$\frac{130\sim180}{36}$	
M16	16	20	24	32	$\frac{30\sim38}{20}$	$\frac{40\sim55}{30}$	$\frac{60\sim120}{38}$	$\frac{130\sim200}{44}$	
M20	20	25	30	40	$\frac{35\sim40}{25}$	$\frac{45\sim65}{35}$	$\frac{70\sim120}{46}$	$\frac{130\sim200}{52}$	
M24	24	30	36	48	$\frac{45\sim50}{30}$	$\frac{55\sim75}{45}$	$\frac{80\sim120}{54}$	$\frac{130\sim200}{60}$	
M30	30	38	45	60	$\frac{60\sim65}{40}$	$\frac{70\sim90}{50}$	$\frac{95\sim120}{66}$	$\frac{130\sim200}{72}$	$\frac{210\sim250}{85}$
M36	36	45	54	72	$\frac{65\sim75}{45}$	$\frac{80\sim110}{60}$	$\frac{120}{78}$	$\frac{130\sim200}{84}$	$\frac{210\sim300}{97}$
M42	42	52	63	84	$\frac{70\sim80}{50}$	$\frac{85\sim110}{70}$	$\frac{120}{90}$	$\frac{130\sim200}{96}$	$\frac{210\sim300}{109}$
M48	48	60	72	96	$\frac{80\sim90}{60}$	$\frac{95\sim110}{80}$	$\frac{120}{102}$	$\frac{130\sim200}{108}$	$\frac{210\sim300}{121}$
l 公称	12、（14）、16、（18）、20、（22）、25、（28）、30、（32）、35、（38）、40、45、50、（55）、60、（65）、70、75、80、85、90、95、100～260（10 进位）、280、300								

注：1. 尽可能不采用括号内的规格。末端按 GB/T 2—2001 规定。

　　2. $b_m=1d$，一般用于钢对钢；$b_m=(1.25\sim1.5)d$，一般用于钢对铸铁；$b_m=2d$，一般用于钢对铝合金。

附表5　　　　　　　　　　　　　　　螺钉　　　　　　　　　　　　　　单位：mm

开槽圆柱头螺钉（GB/T 65－2000）

开槽盘头螺钉（GB/T 67－2008）

开槽沉头螺钉（GB/T 68－2000）

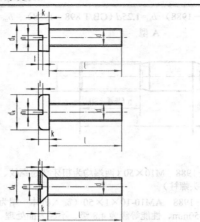

标记示例：

螺钉　GB/T 65－2000　M5×20（螺纹规格 d=M5、l=50mm、性能等级为 4.8 级、不经表面处理的开槽圆柱头螺钉）

螺纹规格 d		M 1.6	M2	M2.5	M3	（M3.5）	M4	M5	M6	M8	M10
n 公称		0.4	0.5	0.6	0.8	1	1.2	1.2	1.6	2	2.5
GB/T 65	d_k　max	3	3.8	4.5	5.5	6	7	8.5	10	13	16
	k　max	1.1	1.4	1.8	2	2.4	2.6	3.3	3.9	5	6
	t　min	0.45	0.6	0.7	0.85	1	1.1	1.3	1.6	2	2.4
	l 范围	2～16	3～20	3～25	4～30	5～35	5～40	6～50	8～60	10～80	12～80
GB/T 67	d_k　max	3.2	4	5	5.6	7	8	9.5	12	16	20
	k　max	1	1.3	1.5	1.8	2.1	2.4	3	3.6	4.8	6
	t　min	0.35	0.5	0.6	0.7	0.8	1	1.2	1.4	1.9	2.4
	l 范围	2～16	2.5～20	3～25	4～30	5～35	5～40	6～50	8～60	10～80	12～80
GB/T 68	d_k　max	3	3.8	4.7	5.5	7.3	8.4	9.3	11.3	15.8	18.3
	k　max	1	1.2	1.5	1.65	2.35	2.7	2.7	3.3	4.65	5
	t　min	0.32	0.4	0.5	0.6	0.9	1	1.1	1.2	1.8	2
	l 范围	2.5～16	3～20	4～25	5～30	6～35	6～40	8～50	8～60	10～80	12～80
l 系列		2、2.5、3、4、5、6、8、10、12、（14）、16、20、25、30、35、40、45、50、（55）、60、（65）、70、（75）、80									

注：1. 尽可能不采用括号内的规格。
　　2. 商品规格 M1.6～M10。

附表6　　　　　　　　六角螺母　C级（摘自 GB/T 41—2000）　　　　　　　单位：mm

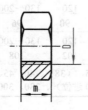

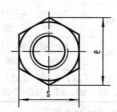

标记示例：

螺母　GB/T 41—2000　M10

（螺纹规格 D=M10、性能等级为 5 级、不经表面处理、产品等级为 C 级的六角螺母）

续表

螺纹规格 D	M5	M6	M8	M10	M12	M16	M20	M24	M30	M36	M42	M48	M56
s_{max}	8	10	13	16	18	24	30	36	46	55	65	75	85
e_{min}	8.63	10.89	14.20	17.59	19.85	26.17	32.95	39.55	50.85	60.79	72.3	82.6	93.56
m_{max}	5.6	6.4	7.9	9.5	12.2	15.9	19	22.3	26.4	31.9	34.9	38.9	45.9

附表 7 　　　　　　　　　　　　　　　　垫圈 　　　　　　　　　　　　　　　　单位：mm

平垫圈　A 级（摘自 GB/T 97.1—2002）　　　　　平垫圈　C 级（摘自 GB/T 95—2002）

平垫圈　倒角型　A 级（摘自 GB/T 97.2—2002）　　标准型弹簧垫圈（摘自 GB/T 93—1987）

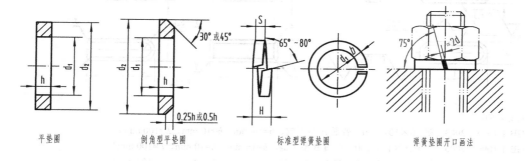

平垫圈　　　　　　　倒角型平垫圈　　　　　标准型弹簧垫圈　　　　弹簧垫圈开口画法

标记示例：

垫圈　GB/T 95—2002　8-100HV（标准系列、规格 d=M8、性能等级为 100HV 级、不经表面处理，产品等级为 C 级的的平垫圈）

垫圈　GB/T 93—1987　10（规格 d=M10、材料为 65Mn、表面氧化的标准型弹簧垫圈）

公称尺寸 d （螺纹规格）		4	5	6	8	10	12	16	20	24	30	36	42	48
GB/T 97.1—2002 （A 级）	d_1	4.3	5.3	6.4	8.4	10.5	13	17	21	25	31	37	45	52
	d_2	9	10	12	16	20	24	30	37	44	56	66	78	92
	h	0.8	1	1.6	1.6	2	2.5	3	3	4	4	5	8	8
GB/T 97.2—2002 （A 级）	d_1	—	5.3	6.4	8.4	10.5	13	17	21	25	31	37	45	52
	d_2	—	10	12	16	20	24	30	37	44	56	66	78	92
	h	—	1	1.6	1.6	2	2.5	3	3	4	4	5	8	8
GB/T 95—2002 （C 级）	d_1	4.5	5.5	6.6	9	11	13.5	17.5	22	26	33	39	45	52
	d_2	9	10	12	16	20	24	30	37	44	56	66	78	92
	h	0.8	1	1.6	1.6	2	2.5	3	3	4	4	5	8	8
GB/T 93—1987	d_1	4.1	5.1	6.1	8.1	10.2	12.2	16.2	20.2	24.5	30.5	36.5	42.5	48.5
	$S=b$	1.1	1.3	1.6	2.1	2.6	3.1	4.1	5	6	7.5	9	10.5	12
	H	2.75	3.25	4	5.25	6.5	7.75	10.25	12.5	15	18.75	22.5	26.25	30

注：1. A 级适用于精装配系列，C 级适用于中等装配系列。

　　2. C 级垫圈没有 $Ra3.2$ 和去毛刺的要求。

276

附表 8　　　　平键及键槽各部尺寸（摘自 GB/T 1095、1096—2003）　　　　单位：mm

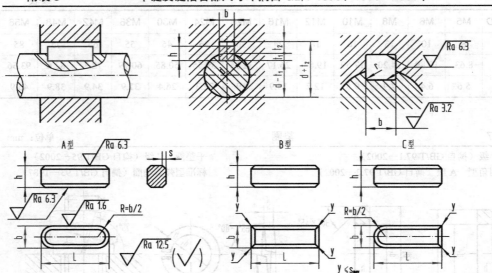

标记示例：

GB/T 1096—2003　键 16×10×100（普通 A 型平键、b=16 mm、h=10 mm、L=100 mm）

GB/T 1096—2003　键 B16×10×100（普通 B 型平键、b=16 mm、h=10 mm、L=100 mm）

GB/T 1096—2003　键 C16×10×100（普通 C 型平键、b=16 mm、h=10 mm、L=100 mm）

键		键　槽										
			宽　度 b					深　度				半径 r
键尺寸 $b \times h$	标准长度范围 L	基本尺寸 b	极　限　偏　差					轴 t_1		毂 t_2		
			正常联结		紧密联结	松联结		基本尺寸	极限偏差	基本尺寸	极限偏差	
			轴 N9	毂 JS9	轴和毂 P9	轴 H9	毂 D10					最小	最大
4×4	8~45	4	0 −0.030	±0.015	−0.012 −0.042	+0.030 0	+0.078 +0.030	2.5	+0.1 0	1.8	+0.1 0	0.08	0.16
5×5	10~56	5						3.0		2.3			
6×6	14~70	6						3.5		2.8		0.16	0.25
8×7	18~90	8	0 −0.036	±0.018	−0.015 −0.051	+0.036 0	+0.098 +0.040	4.0		3.3			
10×8	22~110	10						5.0		3.3			
12×8	28~140	12						5.0		3.3			
14×9	36~160	14	0 −0.043	±0.0215	−0.018 −0.061	+0.043 0	+0.120 +0.050	5.5		3.8		0.25	0.40
16×10	45~180	16						6.0	+0.2 0	4.3	+0.2 0		
18×11	50~200	18						7.0		4.4			
20×12	56~220	20						7.5		4.9			
22×14	63~250	22	0 −0.052	±0.026	−0.022 −0.074	+0.052 0	+0.149 +0.065	9.0		5.4		0.40	0.60
25×14	70~280	25						9.0		5.4			
28×16	80~320	28						10		6.4			
L 系列	6~22（2 进位）、25、28、32、36、40、45、50、56、63、70~110（10 进位）、125、140~220（20 进位）、250、280、320、360、400、450、500												

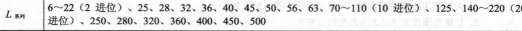

附表 9	圆柱销　不淬硬钢和奥氏体不锈钢（摘自 GB/T 119.1—2000）	单位：mm

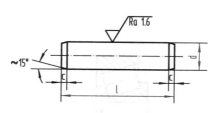

标记示例：

销　GB/T 119.1—2000　10 m6×90（公称直径 *d*=10 mm、公差为 m6、公称长度 *l*=90 mm、材料为钢、不经表面处理的圆柱销）

销　GB/T 119.1—2000　10 m6×90-A1（公称直径 d=10 mm、公差为 m6、公称长度 l=90 mm、材料为 A1 组奥氏体不锈钢、表面简单处理的圆柱销）

$d_{公称}$	2	2.5	3	4	5	6	8	10	12	16	20	25
$c\approx$	0.35	0.4	0.5	0.63	0.8	1.2	1.6	2.0	2.5	3.0	3.5	4.0
$l_{范围}$	6～20	6～24	8～30	8～40	10～50	12～60	14～80	18～95	22～140	26～180	35～200	50～200
$l_{公称}$	2、3、4、5、6～32（2 进位）、35～100（5 进位）、120～200（20 进位）（公称长度大于 200，按 20 递增）											

附表 10	圆锥销（摘自 GB/T 117—2000）	单位：mm

A 型（磨削）：锥面表面粗糙度 Ra=0.8 μm

B 型（切削或冷镦）：锥面表面粗糙度 Ra=3.2 μm

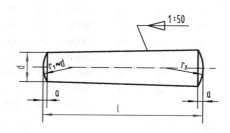

$$r_2\approx\frac{a}{2}+d+\frac{0.021^2}{8a}$$

标记示例：

销　GB/T 117—2000　6×30（公称直径 *d*=6 mm、公称长度 *l*=30 mm、材料为 35 钢、热处理硬度 28～38HRC、表面氧化处理的 A 型圆锥销）

$d_{公称}$	2	2.5	3	4	5	6	8	10	12	16	20	25
$a\approx$	0.25	0.3	0.4	0.5	0.63	0.8	1.0	1.2	1.6	2.0	2.5	3.0
$l_{范围}$	10～35	10～35	12～45	14～55	18～60	22～90	22～120	26～160	32～180	40～200	45～200	50～200
$L_{公称}$	2、3、4、5、6～32（2 进位）、35～100（5 进位）、120～200（20 进位）（公称长度大于 200，按 20 递增）											

附表 11 　　　　　　　　　　　　　　　滚动轴承

深沟球轴承（摘自 GB/T 276—1994）　圆锥滚子轴承（摘自 GB/T 297—1994）　推力球轴承（摘自 GB/T 301—1995）

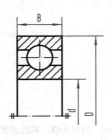 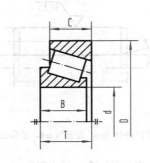 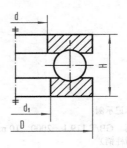

标记示例：

滚动轴承　6310　GB/T 276—1994

（深沟球轴承、内径 *d*=50mm、直径系列代号为 3）

标记示例：

滚动轴承　30212　GB/T 297—1994

（圆锥滚子轴承、内径 *d*=60mm、宽度系列代号 0，直径系列代号为 3）

标记示例：

滚动轴承　51305　GB/T 301—1995

（推力球轴承、内径 *d*=25mm、高度系列代号为 1，直径系列代号为 3）

轴承型号	尺寸（mm）			轴承型号	尺寸（mm）					轴承型号	尺寸（mm）			
	d	*D*	*B*		*d*	*D*	*B*	*C*	*T*		*d*	*D*	*T*	*d₁*
尺寸系列〔（0）2〕				尺寸系列〔02〕						尺寸系列〔12〕				
6202	15	35	11	30203	17	40	12	11	13.25	51202	15	32	12	17
6203	17	40	12	30204	20	47	14	12	15.25	51203	17	35	12	19
6204	20	47	14	30205	25	52	15	13	16.25	51204	20	40	14	22
6205	25	52	15	30206	30	62	16	14	17.25	51205	25	47	15	27
6206	30	62	16	30207	35	72	17	15	18.25	51206	30	52	16	32
6207	35	72	17	30208	40	80	18	16	19.75	51207	35	62	18	37
6208	40	80	18	30209	45	85	19	16	20.75	51208	40	68	19	42
6209	45	85	19	30210	50	90	20	17	21.75	51209	45	73	20	47
6210	50	90	20	30211	55	100	21	18	22.75	51210	50	78	22	52
6211	55	100	21	30212	60	110	22	19	23.75	51211	55	90	25	57
6212	60	110	22	30213	65	120	23	20	24.75	51212	60	95	26	62
尺寸系列〔（0）3〕				尺寸系列〔03〕						尺寸系列〔13〕				
6302	15	42	13	30302	15	42	13	11	14.25	51304	20	47	18	22
6303	17	47	14	30303	17	47	14	12	15.25	51305	25	52	18	27
6304	20	52	15	30304	20	52	15	13	16.25	51306	30	60	21	32
6305	25	62	17	30305	25	62	17	15	18.25	51307	35	68	24	37
6306	30	72	19	30306	30	72	19	16	20.75	51308	40	78	26	42
6307	35	80	21	30307	35	80	21	18	22.75	51309	45	85	28	47
6308	40	90	23	30308	40	90	23	20	25.25	51310	50	95	31	52
6309	45	100	25	30309	45	100	25	22	27.25	51311	55	105	35	57
6310	50	110	27	30310	50	110	27	23	29.25	51312	60	110	35	62
6311	55	120	29	30311	55	120	29	25	31.50	51313	65	115	36	67
6312	60	130	31	30312	60	130	31	26	33.50	51314	70	125	40	72

续表

尺寸系列〔（0）4〕				尺寸系列〔13〕					尺寸系列〔14〕			
6403	17	62	17	31305	25	62	17	13	18.25	51405	25	60	24	27
6404	20	72	19	31306	30	72	19	14	20.75	51406	30	70	28	32
6405	25	80	21	31307	35	80	21	15	22.75	51407	35	80	32	37
6406	30	90	23	31308	40	90	23	17	25.25	51408	40	90	36	42
6407	35	100	25	31309	45	100	25	18	27.25	51409	45	100	39	47
6408	40	110	27	31310	50	110	27	19	29.25	51410	50	110	43	52
6409	45	120	29	31311	55	120	29	21	31.50	51411	55	120	48	57
6410	50	130	31	31312	60	130	31	22	33.50	51412	60	130	51	62
6411	55	140	33	31313	65	140	33	23	36.00	51413	65	140	56	68
6412	60	150	35	31314	70	150	35	25	38.00	51414	70	150	60	73
6413	65	160	37	31315	75	160	37	26	40.00	51415	75	160	65	78

注：圆括号中的尺寸系列代号在轴承型号中省略。

三、极限与配合

附表 12   标准公差数值（摘自 GB/T 1800.1—2009）

公称尺寸（mm）		标 准 公 差 等 级																	
大于	至	IT1	IT2	IT3	IT4	IT5	IT6	IT7	IT8	IT9	IT10	IT11	IT12	IT13	IT14	IT15	IT16	IT17	IT18
		μm											mm						
—	3	0.8	1.2	2	3	4	6	10	14	25	40	60	0.1	0.14	0.25	0.4	0.6	1	1.4
3	6	1	1.5	2.5	4	5	8	12	18	30	48	75	0.12	0.18	0.3	0.48	0.75	1.2	1.8
6	10	1	1.5	2.5	4	6	9	15	22	36	58	90	0.15	0.22	0.36	0.58	0.9	1.5	2.2
10	18	1.2	2	3	5	8	11	18	27	43	70	110	0.18	0.27	0.43	0.7	1.1	1.8	2.7
18	30	1.5	2.5	4	6	9	13	21	33	52	84	130	0.21	0.33	0.52	0.84	1.3	2.1	3.3
30	50	1.5	2.5	4	7	11	16	25	39	62	100	160	0.25	0.39	0.62	1	1.6	2.5	3.9
50	80	2	3	5	8	13	19	30	46	74	120	190	0.3	0.46	0.74	1.2	1.9	3	4.6
80	120	2.5	4	6	10	15	22	35	54	87	140	220	0.35	0.54	0.87	1.4	2.2	3.5	5.4
120	180	3.5	5	8	12	18	25	40	63	100	160	250	0.4	0.63	1	1.6	2.5	4	6.3
180	250	4.5	7	10	14	20	29	46	72	115	185	290	0.46	0.72	1.15	1.85	2.6	4.6	7.2
250	315	6	8	12	16	23	32	52	81	130	210	320	0.52	0.81	1.3	2.1	3.2	5.2	8.1
315	400	7	9	13	18	25	36	57	89	140	230	360	0.57	0.89	1.4	2.3	3.6	5.7	8.9
400	500	8	10	15	20	27	40	63	97	155	250	400	0.63	0.97	1.55	2.5	4	6.3	9.7
500	630	9	11	16	22	32	44	70	110	175	280	440	0.7	1.1	1.75	2.8	4.4	7	11
630	800	10	13	18	25	36	50	80	125	200	320	500	0.8	1.25	2	3.2	5	8	12.5
800	1000	11	15	21	28	40	56	90	140	230	360	560	0.9	1.4	2.3	3.6	5.6	9	14
1000	1250	13	18	24	33	47	66	105	165	260	420	660	1.05	1.65	2.6	4.2	6.6	10.5	16.5
1250	1600	15	21	29	39	55	78	125	195	310	500	780	1.25	1.95	3.1	5	7.8	12.5	19.5
1600	2000	18	25	35	46	65	92	150	230	370	600	920	1.5	2.3	3.7	6	9.2	15	23
2000	2500	22	30	41	55	78	110	175	280	440	700	1100	1.75	2.8	4.4	7	11	17.5	28
2500	3150	26	36	50	68	96	135	210	330	540	860	1350	2.1	3.3	5.4	8.6	13.5	21	33

注：1. 公称尺寸大于 500 的 IT1 至 IT5 的标准公差数值为试行的。

2. 公称尺寸小于或等于 1 时，无 IT14 至 IT18。

机械制图与CAD

附表13　　　　　　　　　　　　　　轴的基本偏差

公称尺寸(mm)		基本偏差 上极限偏差(es) 所有标准公差等级												j		
														IT5和IT6	IT7	IT8
大于	至	a	b	c	cd	d	e	ef	f	fg	g	h	js			
—	3	-270	-140	-60	-34	-20	-14	-10	-6	-4	-2	0		-2	-4	-6
3	6	-270	-140	-70	-46	-30	-20	-14	-10	-6	-4	0		-2	-4	—
6	10	-280	-150	-80	-56	-40	-25	-18	-13	-8	-5	0		-2	-5	—
10	14	-290	-150	-95	—	-50	-32	—	-16	—	-6	0		-3	-6	—
14	18															
18	24	-300	-160	-110	—	-65	-40	—	-20	—	-7	0		-4	-8	—
24	30															
30	40	-310	-170	-120	—	-80	-50	—	-25	—	-9	0	极限偏差=±(ITn)/2,式中ITn是IT值数	-5	-10	—
40	50	-320	-180	-130												
50	65	-340	-190	-140	—	-100	-60	—	-30	—	-10	0		-7	-12	—
65	80	-360	-200	-150												
80	100	-380	-220	-170	—	-120	-72	—	-36	—	-12	0		-9	-15	—
100	120	-410	-240	-180												
120	140	-460	-260	-200	—	-145	-85	—	-43	—	-14	0		-11	-18	—
140	160	-520	-280	-210												
160	180	-580	-310	-230												
180	200	-660	-340	-240	—	-170	-100	—	-50	—	-15	0		-13	-21	—
200	225	-740	-380	-260												
225	250	-820	-420	-280												
250	280	-920	-480	-300	—	-190	-110	—	-56	—	-17	0		-16	-26	—
280	315	-1050	-540	-330												
315	355	-1200	-600	-360	—	-210	-125	—	-62	—	-18	0		-18	-28	—
355	400	-1350	-680	-400												
400	450	-1500	-760	-440	—	-230	-135	—	-68	—	-20	0		-20	-32	—
450	500	-1650	-840	-480												

注：1. 公称尺寸小于或等于1时，基本偏差a和b均不采用。

　　2. 公差带js7至js11，若ITn值是奇数，则取极限偏差=±(ITn-1)/2。

数值（摘自 GB/T 1800.1—2009）　　　　　　　　　　　　　　　　　　单位：μm

差　数　值

下　极　限　偏　差（ei）

前两列（k）为 IT4 至 IT7 与 ≤IT3 及 >IT7；其余各列（m～zc）为所有标准公差等级。

k (IT4至IT7)	k (≤IT3 >IT7)	m	n	p	r	s	t	u	v	x	y	z	za	zb	zc
0	0	+2	+4	+6	+10	+14	—	+18	—	+20	—	+26	+32	+40	+60
+1	0	+4	+8	+12	+15	+19	—	+23	—	+28	—	+35	+42	+50	+80
+1	0	+6	+10	+15	+19	+23	—	+28	—	+34	—	+42	+52	+67	+97
+1	0	+7	+12	+18	+23	+28	—	+33	—	+40	—	+50	+64	+90	+130
									+39	+45	—	+60	+77	+108	+150
+2	0	+8	+15	+22	+28	+35	—	+41	+47	+54	+63	+73	+98	+136	+188
							+41	+48	+55	+64	+75	+88	+118	+160	+218
+2	0	+9	+17	+26	+34	+43	+48	+60	+68	+80	+94	+112	+148	+200	+274
							+54	+70	+81	+97	+114	+136	+180	+242	+325
+2	0	+11	+20	+32	+41	+53	+66	+87	+102	+122	+144	+172	+226	+300	+405
					+43	+59	+75	+102	+120	+146	+174	+210	+274	+360	+480
+3	0	+13	+23	+37	+51	+71	+91	+124	+146	+178	+214	+258	+335	+445	+585
					+54	+79	+104	+144	+172	+210	+254	+310	+400	+525	+690
+3	0	+15	+27	+43	+63	+92	+122	+170	+202	+248	+300	+365	+470	+620	+800
					+65	+100	+134	+190	+228	+280	+340	+415	+535	+700	+900
					+68	+108	+146	+210	+252	+310	+380	+465	+600	+780	+1000
+4	0	+17	+31	+50	+77	+122	+166	+236	+284	+350	+425	+520	+670	+880	+1150
					+80	+130	+180	+258	+310	+385	+470	+575	+740	+960	+1250
					+84	+140	+196	+284	+340	+425	+520	+640	+820	+1050	+1350
+4	0	+20	+34	+56	+94	+158	+218	+315	+385	+475	+580	+710	+920	+1200	+1550
					+98	+170	+240	+350	+425	+525	+650	+790	+1000	+1300	+1700
+4	0	+21	+37	+62	+108	+190	+268	+390	+475	+590	+730	+900	+1150	+1500	+1900
					+114	+208	+294	+435	+530	+660	+820	+1000	+1300	+1650	+2100
+5	0	+23	+40	+68	+126	+232	+330	+490	+595	+740	+920	+1100	+1450	+1850	+2400
					+132	+252	+360	+540	+660	+820	+1000	+1250	+1600	+2100	+2600

附表 14　　　　　　　　　　　孔的基本偏差

公称尺寸 (mm)		基　本　偏　差																		
		下　极　限　偏　差（EI）												J			K		M	
														IT6	IT7	IT8	≤IT8	>IT8	≤IT8	>IT8
		所　有　标　准　公　差　等　级																		
大于	至	A	B	C	CD	D	E	EF	F	FG	G	H	JS	J			K		M	
—	3	+270	+140	+60	+34	+20	+14	+10	+6	+4	+2	0	极限偏差=±（ITn）/2，式中 ITn 是 IT 值值数	+2	+4	+6	0	0	-2	-2
3	6	+270	+140	+70	+46	+30	+20	+14	+10	+6	+4	0		+5	+6	+10	-1+Δ	—	-4+Δ	-4
6	10	+280	+150	+80	+56	+40	+25	+18	+13	+8	+5	0		+5	+8	+12	-1+Δ	—	-6+Δ	-6
10	14	+290	+150	+95	—	+50	+32	—	+16	—	+6	0		+6	+10	+15	-1+Δ	—	-7+Δ	-7
14	18	+290	+150	+95	—	+50	+32	—	+16	—	+6	0		+6	+10	+15	-1+Δ	—	-7+Δ	-7
18	24	+300	+160	+110	—	+65	+40	—	+20	—	+7	0		+8	+12	+20	-2+Δ	—	-8+Δ	-8
24	30	+300	+160	+110	—	+65	+40	—	+20	—	+7	0		+8	+12	+20	-2+Δ	—	-8+Δ	-8
30	40	+310	+170	+120	—	+80	+50	—	+25	—	+9	0		+10	+14	+24	-2+Δ	—	-9+Δ	-9
40	50	+320	+180	+130	—	+80	+50	—	+25	—	+9	0		+10	+14	+24	-2+Δ	—	-9+Δ	-9
50	65	+340	+190	+140	—	+100	+60	—	+30	—	+10	0		+13	+18	+28	-2+Δ	—	-11+Δ	-11
65	80	+360	+200	+150	—	+100	+60	—	+30	—	+10	0		+13	+18	+28	-2+Δ	—	-11+Δ	-11
80	100	+380	+220	+170	—	+120	+72	—	+36	—	+12	0		+16	+22	+34	-3+Δ	—	-13+Δ	-13
100	120	+410	+240	+180	—	+120	+72	—	+36	—	+12	0		+16	+22	+34	-3+Δ	—	-13+Δ	-13
120	140	+460	+260	+200	—	+145	+85	—	+43	—	+14	0		+18	+26	+41	-3+Δ	—	-15+Δ	-15
140	160	+520	+280	+210	—	+145	+85	—	+43	—	+14	0		+18	+26	+41	-3+Δ	—	-15+Δ	-15
160	180	+580	+310	+230	—	+145	+85	—	+43	—	+14	0		+18	+26	+41	-3+Δ	—	-15+Δ	-15
180	200	+660	+340	+240	—	+170	+100	—	+50	—	+15	0		+22	+30	+47	-4+Δ	—	-17+Δ	-17
200	225	+740	+380	+260	—	+170	+100	—	+50	—	+15	0		+22	+30	+47	-4+Δ	—	-17+Δ	-17
225	250	+820	+420	+280	—	+170	+100	—	+50	—	+15	0		+22	+30	+47	-4+Δ	—	-17+Δ	-17
250	280	+920	+480	+300	—	+190	+110	—	+56	—	+17	0		+25	+36	+55	-4+Δ	—	-20+Δ	-20
280	315	+1050	+540	+330	—	+190	+110	—	+56	—	+17	0		+25	+36	+55	-4+Δ	—	-20+Δ	-20
315	355	+1200	+600	+360	—	+210	+125	—	+62	—	+18	0		+29	+39	+60	-4+Δ	—	-21+Δ	-21
355	400	+1350	+680	+400	—	+210	+125	—	+62	—	+18	0		+29	+39	+60	-4+Δ	—	-21+Δ	-21
400	450	+1500	+760	+440	—	+230	+135	—	+68	—	+20	0		+33	+43	+66	-5+Δ	—	-23+Δ	-23
450	500	+1650	+840	+480	—	+230	+135	—	+68	—	+20	0		+33	+43	+66	-5+Δ	—	-23+Δ	-23

注：1. 公称尺寸小于或等于 1 时，基本偏差 A 和 B 及大于 IT8 的 N 均不采用。

　　2. 公差带 JS7 至 JS11，若 ITn 值数是奇数，则取极限偏差=±（ITn-1）/2。

　　3. 对小于或等于 IT8 的 K、M、N 和小于或等于 IT7 的 P 至 ZC，所需 Δ 值从表内右侧选取。例如：18～30 段的 K7：

　　4. 特殊情况：250～315 段的 M6，ES=-9μm（代替-11μm）。

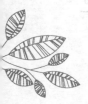

数值（摘自 GB/T 1800.1—2009）　　　　　　　　　　　　　　　　　单位：μm

上 极 限 偏 差（ES）															Δ值					
≤IT8	>IT8	≤IT7	标准公差等级 大于 IT7												标准公差等级					
N		P至ZC	P	R	S	T	U	V	X	Y	Z	ZA	ZB	ZC	IT3	IT4	IT5	IT6	IT7	IT8
−4	−4	在大于IT7的相应数值上增加一个Δ值	−6	−10	−14	—	−18	—	−20	—	−26	−32	−40	−60	0	0	0	0	0	0
−8+Δ	0		−12	−15	−19	—	−23	—	−28	—	−35	−42	−50	−80	1	1.5	1	3	4	6
−10+Δ	0		−15	−19	−23	—	−28	—	−34	—	−42	−52	−67	−97	1	1.5	2	3	6	7
−12+Δ	0		−18	−23	−28	—	−33	—	−40	—	−50	−64	−90	−130	1	2	3	3	7	9
								−39	−45		−60	−77	−108	−150						
−15+Δ	0		−22	−28	−35	—	−41	−47	−54	−63	−73	−98	−136	−188	1.5	2	3	4	8	12
						−41	−48	−55	−64	−75	−88	−118	−160	−218						
−17+Δ	0		−26	−34	−43	−48	−60	−68	−80	−94	−112	−148	−200	−274	1.5	3	4	5	9	14
						−54	−70	−81	−97	−114	−136	−180	−242	−325						
−20+Δ	0		−32	−41	−53	−66	−87	−102	−122	−144	−172	−226	−300	−405	2	3	5	6	11	16
				−43	−59	−75	−102	−120	−146	−174	−210	−274	−360	−480						
−23+Δ	0		−37	−51	−71	−91	−124	−146	−178	−214	−258	−335	−445	−585	2	4	5	7	13	19
				−54	−79	−104	−144	−172	−210	−254	−310	−400	−525	−690						
−27+Δ	0		−43	−63	−92	−122	−170	−202	−248	−300	−365	−470	−620	−800	3	4	6	7	15	23
				−65	−100	−134	−190	−228	−280	−340	−415	−535	−700	−900						
				−68	−108	−146	−210	−252	−310	−380	−465	−600	−780	−1000						
−31+Δ	0		−50	−77	−122	−166	−236	−284	−350	−425	−520	−670	−880	−1150	3	4	6	9	17	26
				−80	−130	−180	−258	−310	−385	−470	−575	−740	−960	−1250						
				−84	−140	−196	−284	−340	−425	−520	−640	−820	−1050	−1350						
−34+Δ	0		−56	−94	−158	−218	−315	−385	−475	−580	−710	−920	−1200	−1550	4	4	7	9	20	29
				−98	−170	−240	−350	−425	−525	−650	−790	−1000	−1300	−1700						
−37+Δ	0		−62	−108	−190	−268	−390	−475	−590	−730	−900	−1150	−1500	−1900	4	5	7	11	21	32
				−114	−208	−294	−435	−530	−660	−820	−1000	−1300	−1650	−2100						
−40+Δ	0		−68	−126	−232	−330	−490	−595	−740	−920	−1100	−1450	−1850	−2400	5	5	7	13	23	34
				−132	−252	−360	−540	−660	−820	−1000	−1250	−1600	−2100	−2600						

Δ=8μm，所以 ES=（−2+8）μm=+6μm；18～30 段的 S6：Δ=4μm，所以 ES=（−35+4）μm=−31μm。

附表 15　　　　优先选用的轴的公差带（摘自 GB/T 1800.2—2009）　　　单位：μm

代号	c	d	f	g	h				k	n	p	s	u
公称尺寸(mm)					公　差　等　级								
大于　至	11	9	7	6	6	7	9	11	6	6	6	6	6
—　3	-60 / -120	-20 / -45	-6 / -16	-2 / -8	0 / -6	0 / -10	0 / -25	0 / -60	+6 / 0	+10 / +4	+12 / +6	+20 / +14	+24 / +18
3　6	-70 / -145	-30 / -60	-10 / -22	-4 / -12	0 / -8	0 / -12	0 / -30	0 / -75	+9 / +1	+16 / +8	+20 / +12	+27 / +19	+31 / +23
6　10	-80 / -170	-40 / -76	-13 / -28	-5 / -14	0 / -9	0 / -15	0 / -36	0 / -90	+10 / +1	+19 / +10	+24 / +15	+32 / +23	+37 / +28
10　14	-95 / -205	-50 / -93	-16 / -34	-6 / -17	0 / -11	0 / -18	0 / -43	0 / -110	+12 / +1	+23 / +12	+29 / +18	+39 / +28	+44 / +33
14　18	-95 / -205	-50 / -93	-16 / -34	-6 / -17	0 / -11	0 / -18	0 / -43	0 / -110	+12 / +1	+23 / +12	+29 / +18	+39 / +28	+44 / +33
18　24	-110 / -240	-65 / -117	-20 / -41	-7 / -20	0 / -13	0 / -21	0 / -52	0 / -130	+15 / +2	+28 / +15	+35 / +22	+48 / +35	+54 / +41
24　30	-110 / -240	-65 / -117	-20 / -41	-7 / -20	0 / -13	0 / -21	0 / -52	0 / -130	+15 / +2	+28 / +15	+35 / +22	+48 / +35	+61 / +48
30　40	-120 / -280	-80 / -142	-25 / -50	-9 / -25	0 / -16	0 / -25	0 / -62	0 / -160	+18 / +2	+33 / +17	+42 / +26	+59 / +43	+76 / +60
40　50	-130 / -290	-80 / -142	-25 / -50	-9 / -25	0 / -16	0 / -25	0 / -62	0 / -160	+18 / +2	+33 / +17	+42 / +26	+59 / +43	+86 / +70
50　65	-140 / -330	-100 / -174	-30 / -60	-10 / -29	0 / -19	0 / -30	0 / -74	0 / -190	+21 / +2	+39 / +20	+51 / +32	+72 / +53	+106 / +87
65　80	-150 / -340	-100 / -174	-30 / -60	-10 / -29	0 / -19	0 / -30	0 / -74	0 / -190	+21 / +2	+39 / +20	+51 / +32	+78 / +59	+121 / +102
80　100	-170 / -390	-120 / -207	-36 / -71	-12 / -34	0 / -22	0 / -35	0 / -87	0 / -220	+25 / +3	+45 / +23	+59 / +37	+93 / +71	+146 / +124
100　120	-180 / -400	-120 / -207	-36 / -71	-12 / -34	0 / -22	0 / -35	0 / -87	0 / -220	+25 / +3	+45 / +23	+59 / +37	+101 / +79	+166 / +144
120　140	-200 / -450	-145 / -245	-43 / -83	-14 / -39	0 / -25	0 / -40	0 / -100	0 / -250	+28 / +3	+52 / +27	+68 / +43	+117 / +92	+195 / +170
140　160	-210 / -460	-145 / -245	-43 / -83	-14 / -39	0 / -25	0 / -40	0 / -100	0 / -250	+28 / +3	+52 / +27	+68 / +43	+125 / +100	+215 / +190
160　180	-230 / -480	-145 / -245	-43 / -83	-14 / -39	0 / -25	0 / -40	0 / -100	0 / -250	+28 / +3	+52 / +27	+68 / +43	+133 / +108	+235 / +210
180　200	-240 / -530	-170 / -285	-50 / -96	-15 / -44	0 / -29	0 / -46	0 / -115	0 / -290	+33 / +4	+60 / +31	+79 / +50	+151 / +122	+265 / +236
200　225	-260 / -550	-170 / -285	-50 / -96	-15 / -44	0 / -29	0 / -46	0 / -115	0 / -290	+33 / +4	+60 / +31	+79 / +50	+159 / +130	+287 / +258
225　250	-280 / -570	-170 / -285	-50 / -96	-15 / -44	0 / -29	0 / -46	0 / -115	0 / -290	+33 / +4	+60 / +31	+79 / +50	+169 / +140	+313 / +284
250　280	-300 / -620	-190 / -320	-56 / -108	-17 / -49	0 / -32	0 / -52	0 / -130	0 / -320	+36 / +4	+66 / +34	+88 / +56	+190 / +158	+347 / +315

续表

代 号	c	d	f	g	h				k	n	p	s	u
公称尺寸（mm）	公 差 等 级												
大于 至	11	9	7	6	6	7	9	11	6	6	6	6	6
280 315	−330 −650	−190 −320	−56 −108	−17 −49	0 −32	0 −52	0 −130	0 −320	+36 +4	+66 +34	+88 +56	+202 +170	+382 +350
315 355	−360 −720	−210 −350	−62 −119	−18 −54	0 −36	0 −57	0 −140	0 −360	+40 +4	+73 +37	+98 +62	+226 +190	+426 +390
355 400	−400 −760											+244 +208	+471 +435
400 450	−440 −840	−230 −385	−68 −131	−20 −60	0 −40	0 −63	0 −155	0 −400	+45 +5	+80 +40	+108 +68	+272 +232	+530 +490
450 500	−480 −880											+292 +252	+580 +540

附表 16　　　　优先选用的孔的公差带（摘自 GB/T 1800.2—2009）　　　单位：μm

代 号	C	D	F	G	H				K	N	P	S	U
公称尺寸（mm）	公 差 等 级												
大于 至	11	9	8	7	7	8	9	11	7	7	7	7	7
— 3	+120 +60	+45 +20	+20 +6	+12 +2	+10 0	+14 0	+25 0	+60 0	0 −10	−4 −14	−6 −16	−14 −24	−18 −28
3 6	+145 +70	+60 +30	+28 +10	+16 +4	+12 0	+18 0	+30 0	+75 0	+3 −9	−4 −16	−8 −20	−15 −27	−19 −31
6 10	+170 +80	+76 +40	+35 +13	+20 +5	+15 0	+22 0	+36 0	+90 0	+5 −10	−4 −19	−9 −24	−17 −32	−22 −37
10 14 / 14 18	+205 +95	+93 +50	+43 +16	+24 +6	+18 0	+27 0	+43 0	+110 0	+6 −12	−5 −23	−11 −29	−21 −39	−26 −44
18 24	+240 +110	+117 +65	+53 +20	+28 +7	+21 0	+33 0	+52 0	+130 0	+6 −15	−7 −28	−14 −35	−27 −48	−33 −54
24 30													−40 −61
30 40	+280 +120	+142 +80	+64 +25	+34 +9	+25 0	+39 0	+62 0	+160 0	+7 −18	−8 −33	−17 −42	−34 −59	−51 −76
40 50	+290 +130												−61 −86
50 65	+330 +140	+174 +100	+76 +30	+40 +10	+30 0	+46 0	+74 0	+190 0	+9 −21	−9 −39	−21 −51	−42 −72	−76 −106
65 80	+340 +150											−48 −78	−91 −121
80 100	+390 +170	+207 +120	+90 +36	+47 +12	+35 0	+54 0	+87 0	+220 0	+10 −25	−10 −45	−24 −59	−58 −93	−111 −146
100 120	+400 +180	−207 −120	+90 +36	+47 +12	+35 0	+54 0	+87 0	+220 0	+10 −25	−10 −45	−24 −59	−66 −101	−131 −166
120 140	+450 +200	+245 +145	+106 +43	+54 +14	+40 0	+63 0	+100 0	+250 0	+12 −28	−12 −52	−28 −68	−77 −117	−155 −195
140 160	+460 +210											−85 −125	−175 −215

机械制图与CAD

代　号	C	D	F	G	H				K	N	P	S	U
公称尺寸（mm）	公　差　等　级												
大于　至	11	9	8	7	7	8	9	11	7	7	7	7	7
160　180	+480 +230											−93 −133	−195 −235
180　200	+530 +240											−105 −151	−219 −265
200　225	+550 +260	+285 +170	+122 +50	+61 +15	+46 0	+72 0	+115 0	+290 0	+13 −33	−14 −60	−33 −79	−113 −159	−241 −287
225　250	+570 +280											−123 −169	−267 −313
250　280	+620 +300	+320 +190	+137 +56	+69 +17	+52 0	+81 0	+130 0	+320 0	+16 −36	−14 −66	−36 −88	−138 −190	−295 −347
280　315	+650 +330											−150 −202	−330 −382
315　355	+720 +360	+350 +210	+151 +62	+75 +18	+57 0	+89 0	+140 0	+360 0	+17 −40	−16 −73	−41 −98	−169 −226	−369 −426
355　400	+760 +400											−187 −244	−414 −471
400　450	+840 +440	+385 +230	+165 +68	+83 +20	+63 0	+97 0	+155 0	+400 0	+18 −45	−17 −80	−45 −108	−209 −272	−467 −530
450　500	+880 +480											−229 −292	−517 −580

四、常用材料及热处理名词解释

附表 17　　　　　　　　　常用钢材

名　称	钢　号	主要用途	说　明
碳素结构钢	Q215A Q235A Q235B Q255A Q275	受力不大的铆钉、螺钉、轮轴、凸轮、焊件、渗碳件 螺栓、螺母、拉杆、钩、连杆、楔、轴、焊件 金属构造物中一般机件、拉杆、轴、焊件 重要的螺钉、拉杆、钩、楔、连杆、轴、销、齿轮 键、牙嵌离合器、链板、闸带、受大静载荷的齿轮轴	Q 表示屈服点，数字表示屈服点数值，A、B 等表示质量等级
优质碳素结构钢	08F 15 20 25 30 35 40 45 50 55 60	要求可塑性好的零件：管子、垫片、渗碳件、氰化件 渗碳件、紧固件、冲模锻件、化工容器 杠杆、轴套、钩、螺钉、渗碳件与氰化件 轴、辊子、连接器、紧固件中的螺栓、螺母 曲轴、转轴、轴销、连杆、横梁、星轮 曲轴、摇杆、拉杆、键、销、螺栓、转轴 齿轮、齿条、链轮、凸轮、轧辊、曲柄轴 齿轮、轴、联轴器、衬套、活塞销、链轮 活塞杆、齿轮、不重要的弹簧 齿轮、连杆、扁弹簧、轧辊、偏心轮、轮圈、轮缘 叶片、弹簧	（1）数字表示钢中平均含碳量的万分数，例如 45 表示平均含碳量为 0.45% （2）序号表示抗拉强度、硬度依次增加，延伸率依次降低

续表

名　称	钢　号	主要用途	说　明
优质碳素结构钢	30Mn 40Mn 50Mn 60Mn	螺栓、杠杆、制动板 用于承受疲劳载荷零件：轴、曲轴、万向联轴器 用于高负荷下耐磨的热处理零件：齿轮、凸轮、摩擦片 弹簧、发条	含锰量 0.7%～1.2%的优质碳素钢
合金结构钢	铬钢　15Cr 20Cr 30Cr 40Cr 45Cr	渗碳齿轮、凸轮、活塞销、离合器 较重要的渗碳件 重要的调质零件：轮轴、齿轮、摇杆、重要的螺栓、滚子 较重要的调质零件：齿轮、进气阀、辊子、轴 强度及耐磨性高的轴、齿轮、螺栓	（1）合金结构钢前面两位数字表示钢中含碳量的万分数 （2）合金元素以化学符号表示
	铬锰钛钢　20CrMnTi 30CrMnTi	汽车上的重要渗碳件：齿轮 汽车、拖拉机上强度特高的渗碳齿轮	（3）合金元素含量小于 1.5%时，仅注出元素符号
铸钢	ZG230-450 ZG310-570	机座、箱体、支架 齿轮、飞轮、机架	ZG 表示铸钢，数字表示屈服点及抗拉强度（MPa）

附表 18　　　　　　　常用铸铁

名　称	牌　号	硬度（HB）	主要用途	说　明
灰铸铁	HT100	114～173	机床中受轻负荷，磨损无关重要的铸件，如托盘、把手、手轮等	HT 是灰铸铁代号，其后数字表示抗拉强度（MPa）
	HT150	132～197	承受中等弯曲应力，摩擦面间压强高于 500 MPa 的铸件，如机床底座、工作台、汽车变速箱、泵体、阀体、阀盖等	
	HT200	151～229	承受较大弯曲应力，要求保持气密性的铸件，如机床立柱、刀架、齿轮箱体、床身、油缸、泵体、阀体、皮带轮、轴承盖和架等	
	HT250	180～269	承受较大弯曲应力，要求体质气密性的铸件，如气缸套、齿轮、机床床身、立柱、齿轮箱体、油缸、泵体、阀体等	
	HT300	207～313	承受高弯曲应力、拉应力、要求高度气密性的铸件，如高压油缸、泵体、阀体、汽轮机隔板等	
	HT350	238～357	轧钢滑板、辊子、炼焦柱塞等	
球墨铸铁	QT400-15 QT400-18	130～180 130～180	韧性高，低温性能好，且有一定的耐蚀性，用于制作汽车、拖拉机中的轮毂、壳体、离合器拔叉等	QT 为球墨铸铁代号，其后第一组数字表示抗拉强度（MPa），第二组数字表示延伸率（%）
	QT500-7 QT450-10 QT600-3	170～230 160～210 190～270	具有中等强度和韧性，用于制作内燃机中油泵齿轮、汽轮机的中温气缸隔板、水轮机阀门体等	
可锻铸铁	KTH300-06 KTH350-10 KTZ450-06 KTB400-05	≤150 ≤150 150～200 ≤220	用于承受冲击、振动等零件，如汽车零件、机床附件、各种管接头、低压阀门、曲轴和连杆等	KTH、KTZ、KTB 分别为黑心、球光体、白心可锻铸铁代号，其后第一组数字表示抗拉强度（MPa），第二组数字表示延伸率（%）

附表 19　　　　　　　　　　常用有色金属及其合金

名称或代号	牌　号	主　要　用　途	说　明
普通黄铜	H62	散热器、垫圈、弹簧、各种网、螺钉及其他零件	H 表示黄铜，字母后的数字表示含铜的平均百分数
40-2 锰黄铜	ZCuZn40Mn2	轴瓦、衬套及其他减磨零件	Z 表示铸造，字母后的数字表示含铜、锰、锌的平均百分数
5-5-5 锡青铜	ZCuSn5PbZn5	在较高负荷和中等滑动速度下工作的耐磨、耐蚀零件	字母后的数字表示含锡、铅、锌的平均百分数
9-2 铝青铜 10-3 铝青铜	ZCuAl9Mn2 ZCuAl10Fe3	耐蚀、耐磨零件，要求气密性高的铸件，高强度、耐磨、耐蚀零件及 250℃以下工作的管配件	字母后的数字表示含铝、锰或铁的平均百分数
17-4-4 铅青铜	ZcuPbl7Sn4ZnA	高滑动速度的轴承和一般耐磨件等	字母后的数字表示含铅、锡、锌的平均百分数
ZL201（铝铜合金） ZL301（铝铜合金）	ZAlCu5Mn ZAlCuMg10	用于铸造形状较简单的零件，如支臂、挂架梁等 用于铸造小型零件，如海轮配件、航空配件等	
硬　铝	LY12	高强度硬铝，适用于制造高负荷零件及构件，但不包括冲压件和锻压件，如飞机骨架等	LY 表示硬铝，数字表示顺序号

附表 20　　　　　　　　　　常用非金属材料

材料名称及标准号		牌　号	主　要　用　途	说　明
工业用橡胶板	耐酸橡胶板 （GB/T 5574）	2807 2709	具有耐酸碱性能，用作冲制密封性能较好的垫圈	较高硬度 中等硬度
	耐油橡胶板 （GB/T 5574）	3707 3709	可在一定温度的油中工作，适用冲制各种形状的垫圈	较高硬度
	耐热橡胶板 （GB/T 5574）	4708 4710	可在热空气、蒸汽（100℃）中工作，用作冲制各种垫圈和隔热垫板	较高硬度 中等硬度
尼龙	尼龙 66 尼龙 1010		用于制作齿轮等传动零件，有良好的消音性，运转时噪声小	具有高抗拉强度和冲击韧性，耐热（>100℃）、耐弱酸、耐弱碱、耐油性好
耐油橡胶石棉板 （GB/T 539）			供航空发动机的煤油、润滑油及冷气系统结合处的密封衬垫材料	有厚度为 0.4～3mm 的十种规格
毛　毡 （FJ/T 314）			用作密封、防漏油、防震、缓冲衬垫等，按需选用细毛、半粗毛、粗毛	厚度为 1～30mm
有机玻璃板 （HG/T 2 - 343）			适用于耐腐蚀和需要透明的零件，如油标、油杯、透明管道等	耐盐酸、硫酸、草酸、烧碱和纯碱等一般碱性及二氧化碳、臭氧等腐蚀

附表 21　　　　　　　常用的热处理及表面处理名词解释

名　词	代号及标注示例	说　明	应　用
退　火	Th	将钢件加热到临界温度以上（一般是710～715℃，个别合金钢800~900℃）30~50℃，保温一段时间，然后缓慢冷却	用来消除铸、锻、焊零件的内应力、降低硬度，便于切削加工，细化金属晶粒，改善组织、增加韧性
正　火	Z	将钢件加热到临界温度以上，保温一段时间，然后用空气冷却，冷却速度比退火快	用来处理低碳和中碳结构钢及渗碳零件，使其组织细化，增加强度与韧性，减少内应力，改善切削性能

名　词		代号及标注示例	说　明	应　用
淬　火		C C48：淬火回火至 45～50HRC	将钢件加热到临界温度以上，保温一段时间，然后在水、盐水或油中急速冷却，使其得到高硬度	用来提高钢的硬度和强度极限，但淬火会引起内应力使钢变脆，所以淬火后必须回火
回　火		回　火	回火是将淬硬的钢件加热到临界点以下的温度，保温一段时间，然后在空气中或油中冷却下来	用来消除淬火后的脆性和内应力，提高钢的塑性和冲击韧性
调　质		T T235：调质处理至 220～250HB	淬火后在450～650℃进行高温回火，称为调质	用来使钢获得高的韧性和足够的强度，重要的齿轮、轴及丝杆等零件需经调质处理
表面淬火	火焰淬火	H54：火焰淬火后，回火到50～55HRC	用火焰或高频电流，将零件表面迅速加热至临界温度以上，急速冷却	使零件表面获得高硬度，而心部保持一定的韧性，使零件既耐磨又能承受冲击，表面淬火常用来处理齿轮等
	高频淬火	G52：高频淬火后，回火到50～55HRC		
渗碳淬火		S0.5-C59：渗碳层深0.5，淬火硬度56～62HRC	在渗碳剂中将钢件加热到900~950℃，停留一定时间，将碳渗入钢表面，深度约为0.5～2，再淬火后回火	增加钢件的耐磨性能、表面硬度、抗拉强度和疲劳极限，适用于低碳、中碳（含量<0.40%）结构钢的中小型零件
氮　化		D0.3-900：氮化层深度0.3，硬度大于850HV	氮化是在500~600℃通入氮的炉子内加热，向钢的表面渗入氮原子的过程，氮化层为0.025～0.8，氮化时间需40～50小时	增加钢件的耐磨性能、表面硬度、疲劳极限和抗蚀能力，适用于合金钢、碳钢、铸铁件，如机床主轴、丝杆以及在潮湿碱水和燃烧气体介质的环境中工作的零件
氰　化		Q59：氰化淬火后，回火至56～62HRC	在820～860℃炉内通入碳和氮，保温1~2小时，使钢件的表面同时渗入碳、氮原子，可得到0.2～0.5的氰化层	增加表面硬度、耐磨性、疲劳强度和耐蚀性，用于要求硬度高、耐磨的中、小型及薄片零件和刀具等
时　效		时效处理	低温回火后、精加工之前，加热到100~160℃，保持10~40小时，对铸件也可用天然时效（放在露天中一年以上）	使工件消除内应力和稳定形状，用于量具、精密丝杆、床身导轨、床身等
发蓝发黑		发蓝或发黑	将金属零件放在很浓的碱和氧化剂溶液中加热氧化，使金属表面形成一层氧化铁所组成的保护性薄膜	防腐蚀、美观，用于一般连接的标准件和其他电子类零件
硬　度		HB（布氏硬度）	材料抵抗硬的物体压入其表面的能力称硬度，根据测定的方法不同，可分布氏硬度、洛氏硬度和维氏硬度。硬度的测定是检验材料经热处理后的机械性能——硬度	用于退火、正火、调质的零件及铸件的硬度检验
		HRC（洛氏硬度）		用于经淬火、回火及表面渗碳、渗氮等处理的零件硬度检验
		HV（维氏硬度）		用于薄层硬化零件的硬度检验

参考文献

[1] 姚茂河. 机械制图与 AutoCAD. 北京：高等教育出版社，2009.

[2] 霍振生. 汽车机械识图. 北京：高等教育出版社，2005.

[3] 崔洪斌，常玮. AutoCAD 机械制图习题集锦. 北京：清华大学出版社，2005.

[4] 王英杰，高伟卫. 机械制图与 AutoCAD. 北京：机械工业出版社，2008.

[5] 钱志芳. 机械制图. 南京：江苏出版社，2010.

[6] 崔兆华. AutoCAD2009 机械制图. 南京：江苏出版社，2009.

[7] 封为，陶荣希. 机械制图与 AutoCAD. 北京：中国劳动社会保障出版社，2007.

[8] 王幼龙. 机械制图. 北京：高等教育出版社，2001.

[9] 曾令宜. 机械制图与计算机绘图. 北京：人民邮电出版社，2006.

[10] 关绍阁. 机械制图与 AutoCAD. 北京：机械工业出版社，2010.

[11] 崔晓利. 中文版 AutoCAD 工程制图. 北京：清华大学出版社，2009.

[12] 金大鹰. 机械制图（第 2 版）. 北京：机械工业出版社，2008.

[13] 冯秋官. 机械制图. 北京：高等教育出版社，2001.

[14] 钱可强. 机械制图. 北京：机械工业出版社，2011.

[15] 陈丽，任国兴. 机械制图与计算机绘图. 北京：机械工业出版社，2010.

[16] 全国产品尺寸和几何技术规范标准化委员会. GB/T131-2006 产品几何技术规范（GPS）技术产品文件中表面结构的表示法. 北京：中国标准出版社，2007.

[17] 全国产品尺寸和几何技术规范标准化委员会. GB/T1182-2008 产品几何技术规范（GPS）几何公差标注. 北京：中国标准出版社，2008.